獣医師の森への訪問者たち

竹田津 実

私を見つめる子ギツネ

いたずら者キタリス

冬毛になったオコジョ

秋はいそがしいシマリス

私を北海道へ呼んだ張本人オジロワシ

北海道の自然の守護神ヒグマ

オオハクチョウの声がする

お酒大好きタヌキ

秋のナキウサギ

黒くないけどクロテン

ノミの寄宿舎タイリクモモンガの巣

冬毛のユキウサギ

舟大エクマゲラ

群れるエゾシカ

獣医師の森への訪問者たち

竹田津　実

集英社文庫

獣医師の森への訪問者たち　目次

獣医師の森への訪問者たち

ペットではありません。患者のキツネの子です

プロローグ

北に倉庫が誕生する

北の町がまだアメリカ西部の開拓時代のようであった頃、一九六〇年代。市街地と言える町並みは、だだっ広い一本の道路沿いに並び、なぜか皆、雑貨屋だった。周辺は一万ヘクタールの農地。そこに散在する農家が顧客の商店としては、どうしても日用品が店の大部分を占めることになる。支払いは年一回、農産物の収穫の終わった初冬となる。つけ払いが普通の時代、おとくいさんの全ての要望に応えるためには、いきおい日用品が主流となり、同じような店構えになる。

人々は貧しく、四輪の車は獣医師たる若造にさえまだ支給されず、オートバイだった時代である。店の前に残る立ち木には馬が繋《つな》がれ、その後ろには小さな車輪のついた荷車がついている。冬がくればそれは橇《そり》に変わる。春先、馬糞風《ばふんかぜ》と呼ばれる強い南風が吹くと砂嵐で目も開けられなくなる中、帽子を飛ばされないように手で押さえ背を丸めて人々が急ぐ。いつ店先に二丁拳銃をかまえたおじさんが飛び出しても不思議のない風景だった。

九州に生まれ育った私にとっては北の地は外国であった。

カシやシイの照葉樹林の世界からいきなり針葉樹林の支配地へやってきたのだ。全てが初めて見る風景であり、そこに住む生き物たちとの驚きの出会いが続く日々。

そして住む人々ともまた。


その町のまん中をくねくねとヘビのように流れる川が北のオホーツク海にそそぐ地に、小さな建物がある。

春先の雪どけ水が氾濫をくり返し、あたりはデルタとなって全体が少し掘れば水の湧き出る湿地帯。農地には向かず、それでも戦後満州から引きあげた人たちが最後には支配下におこうと立ち向かった名残りがあちこちに残る。お米の飯が食べたいと稲作に挑戦。そして敗退。

結局牛や馬しか放牧できない地とあきらめたが、それらにすら人々は努力を拒否された。

マスやサケが遡上する秋、デルタ特有の網目状となった水路をたどって登ってきた魚をその地の人は牛の遊ぶ放牧場の水たまりで獲《と》った。その量がバカにならぬ程だったため、周辺の人々は放牧地でサケを獲って生きていると揶揄《やゆ》した。私なんぞは秋になると決まってその地に住みたいとうらやんだものだった。

だがサケが生きていける大地に牛は適さなかった。

ある年の秋、牛舎に牛の流行性感冒のひと波が通過しただけで、その地に一戸しかなかった農家は営農を断念し離農した。

河口を中心に東、西、南側六キロメートルの地から完全に灯が消え、残る北にオホーツクの黒い闇と海鳴りが淋《さび》しさを強調していた。

残った建物が、かつてその厳しい北の自然と争った人のいたことを語る証《あかし》としてひっそりと佇《たたず》んでいた。


これを借りようと考えていた。

私にはずっと小さい頃からある種の想《おも》いがあった。

貧しくてどうしようもなかった頃、私に学校で必要な最低限の品々を誰かが援助してくれているといった噂《うわさ》があった。父の遠縁にあたる町内の医者らしいというのも噂であった。あとで母が手伝っている料亭の御主人からの借金だったと聞いたが、それも当の医者の子が私の同級生であっ

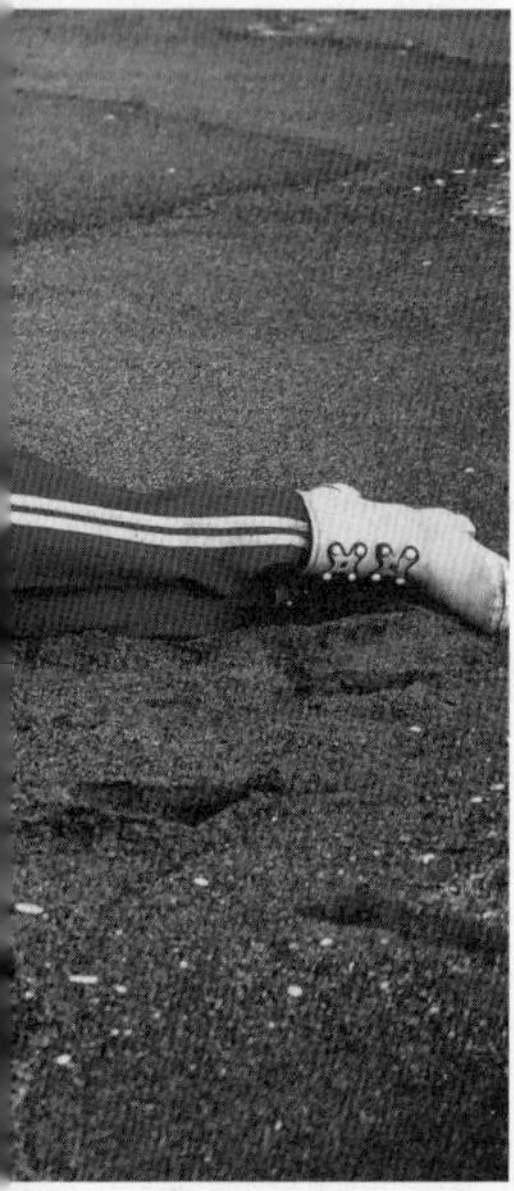

たために気遣いからそのように言い替えたのだと、これも噂のように聞こえてきた。

　とにもかくにも誰かが助けてくれたらしい。

　高校、大学と周囲の誰ひとり考えてなかったのに偶然と偶然、気まぐれな塞翁《さいおう》が馬《うま》の登場、それも二度……によって獣医科生となった時、今回もどこかに誰か手を差し伸べている人がいるらしいと勝手に思ってしまった。そんな時、父が時々口にしていた「人生は貸し借りだ」という、意味がまだよく分からないつぶやきを理解しようと考えていた

入院患者アザラシの子と遊ぶ末娘

ふしがある。漠然と。

いずれにしろ、なんとはなしに誰かに、借りがあるらしいという気持ちは常にあった。借りがあるなら返せばいいと思ったが相手が定かでない。そんな時何かの本で読んだ。誰でもいい。借りたい人があれば貸せばいい。自分の出来る範囲で……と。学生時代もずいぶんいろんな人にお世話になった。次は自分がそんな人々に少し助けの手をのばせばいいのだと言っているように思えた。

給与という定期収入を得るようになって「何かが出来る時代を手に入れた」と実感していた。貸し借りの決算をしなくてはとひそかに考え始めていたのである。

一九七〇年代初め、北海道は自然に関する情報の発信基地の観があった。

その後、バブルと呼ばれた経済の波が日本各地をおおい、残っているのはあの北の地だけだと人々に注目され始めた。

特に発展という波に少し疲れた人が「まだ残っていた」と、自然に目を向けたのは当たり前のなりゆきと言えた。

原始とか原野という言葉が妙に人々の気持ちをくすぐり心地よくさせた。そしてそこに息づく生き物や人々の営みが新鮮な風物に思えていた。

野生のありようが人々の目を楽しませ、必然としてマスコミがこぞってそれをとりあげた。

私みたいなアマチュアがキツネの尻を追っている等の情報が中央のマスコミにも知られ、当然のことだがその手の変わり者が次々と発見されて新しい時代の幕開けを告げようとしていた。役者は揃《そろ》いつつあった。

負けてなるものかと言ったかどうかは定かでないが、大学でもその手の卵やヒヨコが誕生していたのであった。

役者を手に入れ、生態学という分野が輝き始めていたのである。

南一五〇キロメートルの地にタンチョウを追う者がいれば北一八〇キロメートルにハクチョウを求める者、東にサケをのぞく者あれば西にコウモリの声に聞き耳をたてる者が登場、世をあげて、自称、他称の研究者風、卵やヒヨコが続出した。

世に言うフィールドワーカーというやつである。

だが、その方法論も手法も確立されていない時、皆ささやかな不安をかかえていた。

情報の交換会という名のアルコール消費会が開かれるのも無理のない話だった。だが、家人には不人気であったのは世の常。

ところが、その現場に本物の研究者群も現れて、生態学が生物学界の王道を歩き始めたと実感させられたのである。だが、現実には貧しい学生がやはり多い。ある時、北大の院生たちがアルコールの匂いに群がり一夜を過ごした。彼らの一番望んだもの。基地

オホーツク生物研究所前の著者とドイツ人ティデ博士夫妻

だった。要は宿泊する場所が欲しいと言った。

河口に拡《ひろ》がる原野の片隅に使われていない建物がある。

私は気になり始めていた。

ある日、思い切って当時の持ち主をたずねた。一〇キロメートル位離れた地に住む酪農家であった。

近い内に解体するという。固定資産税がかかるというのがその主たる理由だった。その税を含めて借用料を相談すると、倉庫として使うと言えば、ずっと安いと親切に助言され、ならば倉庫の貸し借りという形をとりましょうと決まる。

以来、「倉庫」と呼ぶことになるのである。

倉庫は御披露目の日からなかなかに重宝された。なにせ見渡す四方誰もいない。当然灯《あか》りすら見えない。何が起きても、何をやっても火さえ気をつければまず問題になることはなかった。

一時期、一度は使ってみたかった名称「オホーツク生物研究所」なる表札を掲げたが誰もそう呼びはしなかった。記念写真を撮っただけですぐにはずされて「倉庫」と元来の呼び名に戻った。

調査という名目で数日から一週間程の滞在者が数組現れ、夏は少年たちの夏期学校の宿泊所として使われ夜遅くまで灯が喚声にゆれた。借りて二ヶ月もしない内に倉庫の利用理由もだんだんあやしくなり、男たちの逃げ込み処だと噂されるようになっていた。

このままでは倉庫が単なる酒飲み会場になるといった漠然とした不安はあった。第一、家主である酪農家に対して、研究者の基地としたい等と言ったことがウソになる。軌道の修正をせまられていた。

そんなある夜、城殿《きどの》博《ひろし》君がやってきた。信州大学出身、北大の院生である。

倉庫を使い始めた時、私たちはある種の決まり事を作る必要があった。その中に「酒の飲めない者はお断り」を入れた。

実は私は酒を飲む。我が家にやってくる人間は全員酒飲みである。時々下戸の新参者が顔を出すがいずれも長続きしない。理由は、酒を飲んだ上で出てくる本音に飲まない人が付き合うのは無理があるからだと誰かが発言して、「それはそうだ」といとも簡単に採用された代物であった。

城殿君に「酒を飲むかネ」と聞いたら「飲みます」と答

えた。飲めないと家に出入りができないと誰かに聞いてきたふしがある。

　こんなことはすぐにばれる。断ろうとしたら反対ととなえた者がいた。我が家では当主である私に反対する者なんぞいるはずがないと長らく考えていたので、これには仰天した。

　カミさんであった。

　女に反対されてはうまくいかないのは結婚して十年も経《た》つと十二分に思い知る。

　かくして城殿君は当然の顔つきで飲まないと胸を張って出入りする第一号となった。

寺子屋風少年学校教師、左後列が城殿君

規則に例外をつくってはいけない。その後、時々その手の者が出入りし私たちの重大な酒飲み会議の顚末《てんまつ》をメモした。そのために酒の上のことですむものが、そうはならないことになった。

——閑話休題——

城殿君はなかなかに貧しかった。

一ヶ月の食事代を聞いて腰が抜ける。仙人かと私は訝《いぶか》った。どうせウソに決まっていると私は思ったがどうやら本当らしい。

言い出したのはカミさんである。

男は「そんなもの、ウソに決まっている」と思った瞬間から詮索を放棄する。だが女は違った。彼女は次々と質問して結論を得た。「彼は本当に貧乏学生だ」と。

カミさんの言によれば「フィールドのそばで遊ぶ牛を観察することで食事代を安くあげる」という。「牛が食べる草のほとんどは人間にも食べられるし、半分はなかなかにうまい」とおっしゃったそうだ。

だからフィールドノート等を入れるザックに、帰りには牛が食べた野草を刈って入れていると感動的に報告するのだった。

その言によって城殿君は時々、カミさんから我が家の残り物の差し入れを受けるようになったらしい。らしいと言うのは城殿君の話の中にそれらしきことが混入していたからだ。

それでも失敗はある。

ある夕方、青い顔でやってきた。食あたりをやったようだと言うのだ。

そうなるとうれしくなるのは獣医師の私。新しいことを知るというのは楽しい。まして相手が不幸であれば格別詮索の気分は高まる。

彼の反省の弁によれば食べた幼虫の中にドクガの幼虫がいたらしいとおっしゃる。

「エッ、毒蛾《どくが》も食べるの」と絶句したのはカミさん。私はうれしくなって「どんな味だった」と聞く。

彼、幼虫はうまいですヨーとニコニコ。

城殿君の研究の相手は草原の鳥だった。私の知るかぎりノビタキやシマアオジが中心だった。

彼はノビタキやシマアオジの親が雛《ひな》に運んできた餌である昆虫の幼虫を見て、食材の新しい分野を開拓しているらしかった。

料理法を聞いたら「煎って食べます」と事もなげに言った。

後年、ザイール（現・コンゴ民主共和国）の首都キンシャサでイモムシを鉄板の上で煎ったのを食べたことがある。美味《おい》しかった。あの貧乏学生がこんな美味しい物を日常

上：草原の鳥ノビタキ　下：シマアオジ

的に食べていたのかとほんの少し自らの文明をうらんだ。

ある冬の日、札幌から電話があった。城殿君からである。明日の夜、ごちそうしたいからカミさんに夕食の用意はしないで欲しいと。

彼は信州の出である。常々信州のゲテ物喰《ぐ》いぶりをからかっていたので、本当の美味しさを味わってもらいたいと時々言っていた。

私はザザ虫、蜂の子、イナゴなんでも好きだと言ったら、蚕飯《かいこめし》を食べさせたいと言うのだ。

カミさんは気味悪がったが、彼に言われたとおり米だけを用意して待った。

冬の日が西の丘陵に消えてどっぷり暗くなった頃、彼はリュックを背負ってやってきた。

玄関で迎えた私に、今日はサナギご飯を食べさせますと宣言した。

「まあ上がれ」という私の言を無視して説明を始めた。まず繭から蛹《さなぎ》を取り出しそれを軽く洗ってといだ米の上に並べて、そのまま炊くのだそうだ。途中でショウユを少々とうれしそうな顔をする。

「分かった。まずは食べさせろ!!」と私。

彼はニコニコしながらリュックのヒモをとく。中からダンボールの箱。それを取り出しクツ箱の上に。

その時になって城殿君も私も少し様子の違うことに気づいた。ダンボールのすき間から白い粉のようなものが舞い上がっている。

急いで開ける。ダンボールの中から羽化した蛾が飛び出してきたのであった。

蛹は全て羽化していた。

どうやら彼は昆虫の研究室の冷蔵庫から、繭をごっそりダンボールに入れてきたらしい。

冬の汽車は暖房を効かせている。しかも上の棚に置いていたのであれば八時間という時間は羽化には十分だったのである。

札幌から網走《あばしり》までまだ八時間はゆうにかかった時代である。

私たちは美味しい夕餉《ゆうげ》はあきらめた。

「信州では蛾の羽をむしって煎って食べることもあります」とあきらめきれない城殿君はぼそりと。

それにしても彼には学ぶことが多かった。

ちなみに城殿君は卒業後、ＪＩＣＡ（現・独立行政法人国際協力機構）の国際協力専門員として、長く中南米を中心に活躍した。その間、米国ペンシルベニア大学で、一九八〇年学位を取得した。中南米では彼に世話になった人たちが多いと聞く。うれしい。

第一章

ホンカンのモモンガ

秋が来た。

私たちは別な意味でも集まる。

サケの研究会と言ったが酒を飲んだだけである。でもサケの研究も少しやった。牧草畑でサケを獲ろうというのだった。正確には密漁であり、立派な違法行為であったが。牧草サケは北海道内水面漁業調整規則という法によって守られているが、牧草畑は内水面とは言えないだろうというのが勝手な理屈であった。

少し雨が続くと決まって方々から人々が集まった。

最初、私たちのささやか？　な会議のために集まっていた時、倉庫の戸をたたく人があって、出ると一本食べてくれとさし出されたことに始まる。

それが、倉庫に灯がついていればだまって入口の石台の上に置かれるようになった。なんだか通行税を取っているようで気になったが、ある夜、倉庫の戸をたたいた男は知人で、大きな魚体を二本、ドンとなげ入れてキョウリョクしてくれやとどなった。

証拠隠滅に協力せよと言っているらしい。

タイリクモモンガ、小枝にて

なる程、人助けになるのかと誰かがつぶやき早速料理となった。思えばその月、週末はどうもショウコインメツ・キョウリョク食なるものが多かったような気がする。

そんなある日、戸が開き玄関に大男が立った。

「ホンカンはTという者です」と自己紹介する。警察か！ と身構えたが制服が違った。私たちの顔を見て一八〇センチぐらいの大男はあわてて手を左右にふった。

「ホンカンは警察ではない」と続ける。

営林署の者だと言う。かつて国有林は官営と呼ばれた。その名残りか、営林署の職員は自分のことを本官と名乗った。

ミツリョウの取り締まりに回っていると続けた。当時、営林署員が取り締まりに同行するという噂を聞いたことがあった。密漁者のタバコ等の失火が原因で防風林などが焼けることがあったからしい。川は防風林にかこまれていた。彼はいい匂いですなあとつけ加えた。

私たちは少し酒を飲んでいた。酒の肴《さかな》にとマスの切り身を焼いている。彼はその匂いのことを言っているのだ。

警察でなければあわてることはない。しかもその夜のサカナは商店で買った隠滅する必要のないもの。

当方も強気だった。

「なかなかの味です。どうです一パイ」と誘った。

ホンカンは酒が強かった。飲む程に酔う程に登場する彼の博識ぶりに、私たちは誰も先に寝ようとはしなかった程である。特に彼のフィールドである国有林については唯々《ただただ》驚くばかりの情報。自然大好きの面々にはたまらない。

シマフクロウについてたずねると、隣町の○○林班にあるカエデの木の話をする。モモンガについてはこの町のどこに行けば……等とこともなげに言う。キツネについて聞

ホンカンと一緒

くと、水上《みずかみ》という集落の奥の集材用の小屋に毎日出てくる。それも午後三時過ぎであれば確実だと、まるで占い師のような顔付きで御託宣するのだから酒の酔いも手伝って、皆んなキツネにつままれたような気分となった。

私は早速次の日の午後、集材小屋に出かけてみた。先に着いていたホンカンの前でキツネが寝そべっているのだった。私が初めて撮ったキツネの写真は、彼とキツネの記念写真であった。

そこで次はシマフクロウの巣に連れていってもらうことにする。無論、私にとっては初体験である。約束の日、ホンカンは営林署のジープでやってきた。私がホンダのドリームという、その時代人気のあったバイクを使っているのを知っていた。

彼はそんなものでは行けないと半分せせら笑う。ホンカンのジープに乗れと言うのだった。

今もそうだが、北海道では営林局（現・森林管理局）は強大な組織で、その下で働く人々の人数を見れば膨大な産業であった。林業の持つ票は町長の首を差し替えるなんぞは朝飯前と豪語する人もいた位で、ホンカンがどんな地位にあろうとも私のバイクの出る幕はなかった。

乗せてもらう。

乗って二〇分もしない内にバイクで行ける所ではないことを見せつけられた。道とい

って も昔に作業道であったというだけで使われなくなって五年は経っていた。

道いっぱいにシラカバの若木が生い茂る、それをバリバリと蹴散らしていく。

突然視界が開け、見れば川のすぐそばだった。ホンカンが得意そうな顔であごをしゃくる。

見ると目の前にイタヤカエデの巨木があった。上の方が途中で折れているが、その姿に思わずデカイとつぶやいた。

ゆび指すところには大きな樹洞《じゅどう》が見えた。

「巣だ」とひと言。今は使ってないと当然のように言う。シマフクロウの巣立ちは七月だから当たり前の話。それでも私は感動した。一度は見たかったあこがれの鳥の営巣木である。

私は大いに満足したのに彼はジープをどんどん奥へと進ませる。一〇分も進んだだろうか、止まって車のエンジンを切った。双眼鏡で何かを探している。

そしてニヤリと笑った。

ホンカンのニヤリはその後も何度となく拝ましてもらったが、目的のものを見つけ出すと決まってニヤリのポーズをとった。

その時もゆび指す先にそれがいた。

シマフクロウである。

ホンカンはつぶやいた。

「若い、まだヒヨコだな」と。

大男がもっともっと大男に見えた瞬間であった。私はその日生まれて初めてシマフクロウの写真を撮った。

ホンカンなるTの噂はたちどころに方々に飛び火した。私たちはまだ自然をほとんど知らない時代であった。反応第一号が札幌の松井先生からだった。

先生は医者で、ハクチョウを中心に道東の自然を撮り続けた人である。

「エゾモモンガをよく知る人

コタンの神シマフクロウ

が現れたそうですネ」と電話。「あれは怪物です。なんでも知っています」と私。「エゾモモンガの写真を撮らせてもらえませんか」「なんとかしましょう」のやりとりの一週間後、先生が札幌から来ることになった。

前日、ホンカンから電話があった。「除雪をしておいたから」と。山はもう雪であった。私は少し青くなった。除雪費まで考えていなかったからだ。

でも電話の向こうのホンカンは私の一瞬の息遣いを察したらしい。「心配ない。前倒ししただけだから……」と。林道の除雪の予定を少し前倒ししたというのだ。私は、「どの位?」と聞こうとしたが声が出なかった。

ホンカンのことだ。平気で二週間位は前倒ししているおそれがあったからだ。それでも気になったのでまず下調べに私は出かけることにした。

ホンカンのジープに乗り換え、南の山並みの国有林に入る。雪は三〇センチをはるかに超えている。彼の自慢するようにみごとな除雪である。

目的の木の下に着いたのは夕方、四時過ぎであった。

巣である樹洞の二メートル位上にはジャンプ台と考えられる、折れて三〇センチ位残った枯枝が見えた。双眼鏡で見ると、モモンガが滑空のために飛び出す直前に放尿したと思われる黄色の液体のあとが、枯枝の雪の上にはっきり残っている。

飛んだ個体が最初に止まる木までホンカンが調べてくれていたので、一〇メートル位離れたそれを調べると、着地点と思われる幹に糞がかなりたくさんばら撒《ま》かれている。

確認のため樹洞のある幹をたたいて追い出すというホンカンをなんとかおしとどめて帰路についた。

次の日。先生が札幌から来た。

休日だったのでホンカンも一緒にとジープでやってきた。公務でないのに大丈夫かと聞くと、ホンカンは視察にはジープは「つきもの」と言った。

どうやら上司に松井という立派な先生が国有林のモモンガの調査に来ると伝えて許可をとったらしい。

彼は私にとっては大先生であるが、世間で言えばお医者さんにすぎない。その点大丈夫かと聞くと、「札幌から来るのだから北大だろう」とホンカンは顔色ひとつ変えずに言うのだった。

私たちはとんでもない間違い事をしていた。でもホンカンは「札幌も北大もたいして違いはあんめえ」と言っただけだった。

撮影地に着き、カメラやストロボ等の設置に一時間余りかかった。特にモモンガが飛び出すジャンプ台の枯枝と着地する幹への設置は入念だった。ストロボのテストをくり返す。ホンカンの言によれば「六頭はいる」ことになっている。チャンスは六回あるということだった。

樹洞のある木をたたく役、主役であるモモンガの追い出し役はホンカンと決めていた。「お願いします」の声、一瞬、シンとした。

コン、コン、コン。

ホンカンの得意そうな顔。

コンコン、カンカン。と音が高くなっても樹洞の入口には変化はなかった。

ガンガン、ガン、悲鳴に近かった。

モモンガはいなかったので

幹から顔を出すタイリクモモンガ

ある。

私たちの落胆はホンカンのプライドをいたく傷つけた。彼は終始無言で別れた。原因はおおよそ推察できた。彼の正義と親切だった。

彼は営林署の職員は国有林内のことは全て知っていなければならないと考えていたし、わざわざ札幌から来る自然好きな医師にモモンガをたくさん見せてやりたかった。唯それだけだった。

そのために数日前から巣である樹洞の周辺を整備し、何度も何度も、コンコンと幹をたたき、使用しているのを確認し続けたのだった。

「前々日も皆んな出てきたのに……」とうめくようにつぶやいた言葉がそれを物語った。当のモモンガにしてみれば連日「ハイッテマスカ?」と戸をたたかれ、大型のブルドーザーがやってきて道を開ける。「何事かが起きます」と言われ続けたことになる。つまり起きる前に引っ越ししたに過ぎなかった。

モモンガ事件はホンカンのプライドをいたく傷つけた。彼はその後、反動としてモモンガの研究者になろうと決心したふしがあり、週末は決まって一升瓶をさげてやってきて泊まっていく。

エゾモモンガはタイリクモモンガの亜種で、本州にいるモモンガとは少し違うと言われている。

北海道ではバンドリと呼ばれ日没後三〇分、決まって巣穴から外に出てくる。その前後、近くを通りかかった人の頭の上をファーッと飛び驚かせてきた。かつてはお化けの親類と考えられていたのも不思議ではない。

そのためかその生態の解明にチャレンジする人がおらず、謎につつまれた動物であった。要は研究者の数が少ない時代だった。

ホンカンはそこに切り込もうというのだ。

来る度に新しい知見を披露し、私が「ホー」とか「へー」とか言って驚くと例のニヤリを見せる。

モモンガがかなり偏在する生き物であると言ったのもホンカンである。

例えば例の南の山並みにある国有林のなかで、四八林班にはたくさんいるのに、隣の四七林班ではその生息数は三分の一であるという。周辺に生える樹木の種も樹齢も全くといっていい程同じだそうだ。

事実過去五年間、傷ついて我が家に持ち込まれるモモンガの数はそれを少し物語っている。年によって伐採するエリア（林班）の違いと思われる患者数の差がカルテ上で読みとれた。

モモンガは昼間は巣の中で眠る。チェンソーで伐《き》られ始めてものんびり屋はどこの家族にもいて、木がゆっくり傾き始めるまで起き出してこない。倒れ始めてあわてても もう遅い。多くは飛び出したとたん、倒れる途中の枝にたたかれ気を失うか、傷つき保護される。

私は少し変わった獣医師で、野生動物もなんとかしましょうとは言っていないのに勝手に運ばれてくるようになっていた。

ホンカンの話によって、ある年は〇で、ある年は八という患者数の差の説明がつくような気がした。

ある冬、ホンカンが倉庫にやってきて「モモンガは冬の間は親子、兄弟だけでなく勝手に他者も家にもぐり込ませ、共同で暖をとる」と言い出した。

彼の言によれば、春先、モモンガの巣をのぞくと子どもの数は多くて四頭である。しかし冬期、巣の中から出てくるモモンガの個体数は八頭前後で、一〇頭というのもあったというのだ。

モモンガの養育は母子型で、雄が育児に参加することはないと言われている。事実、私も巣箱をかけて調査した時、雄の参加は見てはいないのである。

これは面白く、私たちが興奮すればする程ホンカンはニヤリニヤリをくり返すのだった。

その後のあちこちで出るレポートを見る限り、ホンカンはモモンガの共同越冬説を主張した最初の人間ではないかと思う。

彼は時々、ビニールの肥料袋にモモンガの巣を入れて持ってきた。私も巣の材料として集められるものに興味があったので喜んでいた。巣材にはいろんな樹木の葉が採用されていた。他に樹皮、地衣類、羽毛、獣毛と、なんでもありといった観があった。なかには一本の手拭、綿花、ビニールのヒモとどこかの庭先から運んできた盗品、ヤナギの花芽がいっぱいというのもあった。

集まった者たちはホンカンの戦果に唯々脱帽していたのである。

事件が起きたのは春に近い頃だった。

倉庫にノミがいるのではないかと言い出した者がいる。小川巌《おがわいわお》君である。おかしいと言い出したのは後年、彼の妻となる女性だったと記憶する。

あちこちが痒《かゆ》いと言い、見ると発疹《ほっしん》が方々に出ているというので札幌へ帰ってから病院に行った。ジンマ疹でなにかのアレルギーだと言われ、そのまま入院となった。

だが原因となるものに思い当たらない内に小川君本人も腹部に出た。ところが鏡でよく見ると、その発疹の中央に小さな針で刺したような傷がある。その点は彼女と違い、常々野山をかけ回っている御仁である。これはダニかノミが犯人だと。彼女の発疹もノミだと考え病院に電話をかけたが「今時、ノミのいる家なんぞありません」と白衣の院長におごそかに宣言されてすごすごとひきさがったと言った。

そう言えば我が家でも長女の友人が遊びに来て、入院患者である可愛《かわい》いモモンガと友達関係をきずき、その夜入院したことがあった。

私がかけつけ「ジンマ疹ではありません。ノミです。ノミ」と言ったが、やはり院長に同じ言葉をいただいて帰ったことを思い出した。

小川君の奥方が退院した日、学生の城殿君からどうも倉庫にノミかシラミがいると報告があった。

その後の調査でモモンガの巣には多いもので一万を超すノミがいたとの報告もある位で、ただ事ではすまないことになる。

なぜならホンカンの持参した肥料袋がふたもされずに部屋のすみに置いてあるのだった。中には私たちが喜んでのぞいた空の巣が三つ入ったままであった。

暖かい冬の部屋である。敵はどこまで行ったやらで、私たちは青くなったのである。

ホンカンは大きい都市の営林局へ転勤となった。署から局へだから、当然栄転に決まっていると私たちは喜んだ。

代わりに集まってくる自然からの情報は半減して淋しくなった。

第二章

誘拐犯？　の澄んだ眼

昔、たかだか七〇年前のことを昔と言っていいのかと思わぬでもないが、やはり私には、昔となる。私が子どもだった頃の昔である。

子どもは皆、ヒーローになる資質とチャンスを持っていた。

勉強の出来る子も出来ない子も、運動の好きな子も嫌いな子も……どこかでヒーローになりヒロインとなった。

私は運動会が大嫌いであった。走るのが遅かった。母は「みのる！　後ろを向かんで走りなさい。誰もいないのだから」というのが口ぐせであった。私はいつもびりけつであった。

でも、虫捕りでは誰にも負けなかった。神社の森でトリモチノ木の皮をはぎ、川でたたいてトリモチをつくる。夏休みは朝から日暮れまで走り回ってセミを捕った。友の自由研究……なぜかあの頃は昆虫採集が定番であった……に必要なセミやトンボは全種類採集して配って喜ばれたし、カナヘビをセッセと捕って、同級生の女子の長ぐつに一匹ずつ入れる。罰として先生に廊下に立たされた時も、友々からタケはえらいと誉《ほ》められた。

友のひとりはヘビをポケットに入れて学校に来て、習字の時間、文鎮の代わりだと言って半紙の上に置いて、女の先生を気絶させた。習字は赤点であったが、その年の一年間は皆から一目置かれていた。

秋、台風が近づく朝、友より早く出かける。登校の途中にあるシイの木がその日の狩場だと皆知っている。早く出たつもりなのになぜか木の下には友が群がっていた。

一時限の休み時間、狩場に一番乗りの友は皆にシイの実をひとつかみずつ配った。

下校時、通ってはいけませんという神社の森を全員が縦断してヤマイモのつるを探す。その根元の所にポケットに入れて持ってきた麦の種をまく。秋が終わると目印のヤマイモの葉は枯れて落ちるが麦の芽が青々と出る。それが新しい目印となって美味しくなる冬の小春の日曜日、皆でヤマイモ掘りをしてトロロを楽しむのである。

授業中ポリポリ、ガリガリとシイの実を食べる音をたて先生に立たされたが、誰も一番乗りの友のことをチクりはしなかった。

あの細くて折れやすいヤマイモを無傷で掘る名人が登場する。冬中、あいつはスゴイ……となる。

複雑な自然を相手に生まれるヒーローは、勉強とは関係ない資質の持ち主と言えた。そしてそれは縄文人の資質と言われるものだった。

生態学を学ぶ者はその資質に縄文人、すなわち狩猟採集民のそれを必要とするように思える。

自然の中から相手を探し出し、時には手に取ることも当然要求される。それには人間と呼ばれる前の生物学的な名、ヒトという子どもの眼《め》と心が必要だと、どこかの本で見たような気がして、思わずうなずいた記憶がある。

いつの頃からか、倉庫に出入り出来る資格に縄文人であること、という文言が付け加えられた。

これは受けた。

五〇年も昔の話である（どうも昔の話が多い）。

原野の処々にまだ原始の香りがぷんぷんとただよう時代、人々はまだ縄文人の資質をふんだんに残し、近代という荒波にドン・キホーテの気分で立ち向かっていた。

多くの人たちが樹間に流れる微風《そよかぜ》にシメジやイグチの匂いをかぎ、川の音にサケの背を感ずる縄文人であった。あの司馬遼太郎さんの言う好奇心とやさしさと、それに驚く程の真正直な正義感をあわせ持つ子ども心の気配を持っていた。

Mさんは六〇キロ位はなれた町に住む。戦後満州から引き揚げてきた人で、我が町に親戚を持つ。多くの人がそうであったようにMさんも苦労の連続であったらしく、風貌がそれを物語った。

Mさんは私たちが大きくなるにつれて失った澄んだ子どもの心を、一片たりとも失わずかかえて大きくなった観がある。

自然のめぐみという言葉で表現される品々の情報を、最初に私たちに持ち込むのはMさんだった。
○○にあるコクワは早く取った方がいい。クマがねらっている。△△さんの家の子猫はクマタカに目をつけられているなどとなんとも恐ろしい話から、今年のコムクドリの渡りは早い、××の防空壕跡のモモジロコウモリのコロニーは場所を移した等々が挨拶代わりに登場する。町内の人よりよく知っている。
「そんなあ」と私がカメラを持ち出してかけつけると皆、本当であった。△△さんの家の子猫は最後の一匹になっていて、私がかけつけた時、牛舎（猫は牛舎で子を育てていた）のすぐ前のハルニレの大木の枝にクマタカが止まって、最後の一匹が親から離れるのを待っている。

ちなみに私のクマタカの写真第一号はこの時のものである。
△△さんに聞くと子猫の間に病気が流行《はや》りらしく、だんだん数が少なくなっていると言うのだった。私はクマタカのことは言わずに帰ってきた。クマタカにはクマタカの、ネコにはネコの家庭の事情というものがある……と思ったからである。この家庭の事情

というフレーズは、Mさんが事の顚末をしめくくる時に決まって最後に登場させる科白《せりふ》だった。

その頃、自然の変転の多くは各々の家庭の事情なのだと思うようになっていたのである。

その年、いつも出かけるコクワの狩場に行く人は誰もいなかったことを付記する。


五月、花見の遅い北国にも春が来た。

フキノトウが味噌汁《みそしる》に参加する。ギョウジャニンニクの若芽がやってきて、コゴミやウド、タラの芽と続く。河口でアオマスが跳ね始め、サクラマスと続く。それまで美味しいと誉められていたアメマスはだんだん地位を下げていた。

そんな夕べ、Mさんがやってきた。

大きなダンボールをかかえている。私はいやな予感がした。Mさんがいつも持ち込むご馳走《ちそう》には不釣合い。そんな大きなものは必要なかった。そんな大きな入れ物で獣医師のところへ持ってくるものと考えて私は逃げ腰となる。

それを感じたのかMさんは言った。

「みなし児です」と。これで私の負けが決まった。

のぞき込む私にMさんは、これ以上ない表情で可愛いでしょうと言った。

鹿の子であった。生後四日位か。

Mさんの凜告《りんこく》という言いわけを記すと次のようになる。

ギョウジャニンニクを採りに林へ出かけた。途中、倒木のわきで自分を見つめるナニかを感じた。立ち止まり、ゆっくり見ると二つの瞳が見えた。うずくまる鹿の子を見た。近くに親がいるはずだと考え、そのまま林の奥へ。

二時間後、帰る時になって鹿の子のことを思い出す。倒木の所に戻ると二つの目はそのまま、少しも動いていない。ゆっくり周囲を見るも親らしい姿がない。捨て子？　と考えて、もう少し様子をみることに。鹿の子から五〇メートル位はなれた木に登って待つ。一時間待ったが親は帰ってこない。そこで考えた。親は

炉のそばでくつろぐバンビ

もう帰らない。何かの事情ではぐれたのだろう。または事情？　があって捨てたに違いないと。家に連れて帰り少し休ませ、牛乳を飲ませようとしたがなんとしても飲まない。草を食べさせようと裏の畑のへりから、いろいろとやわらかい野草を採って給餌するも食べない。このままでは死んでしまうと嫁が言うので連れてきた。

これがカルテの余白いっぱいに書かれた凜告のメモである。

私は計算した。Mさんが自分でなんとかしようとした試みに使った時間のことである。我が家までの距離も加算する。

ざっと計算しても六時間ははるかに超えていた。

「こりゃ、無理だわ」とつぶやいていた。

バンビと呼ばれるエゾシカの子

それを聞いたMさんの顔色が変わった。

「そんなー、だって元気でしょう」と両腕で抱き上げてみせた。

私はそうではないと示しながら説明することになった。

エゾシカは自分の巣というものを持たない。森や林、時には草原も自分の巣と考える生き物である。赤ちゃんを産みたくなったら、普通は安全な場所として巣を準備するのだが、それがない。そのためどこでも産む。森であろうが林であろうが、時には牧場と呼ばれる牧草地の草の中にさえポロリと産む。

そのあと親はすぐに立ち去る。捨てたわけでもなければ薄情なわけでもない。親がいればかえって目立つ。それより子鹿をひとりにして自分は食事に出かける方が理にかなっている。子鹿はひとりになればすぐに草間に座り込む。背中の鹿の子《かこ》模様が保護色となって捕食者になかなか発見されない。そういった意味では、この子を発見したMさんはオオカミやヒグマの資質をまだ失っていないことになると、少しMさんの資質を誉めることを忘れない。

親はほぼ六時間に一度子鹿の所に帰ってきて哺乳、終われば再び採食へと出かける。

問題はこの六時間である。哺乳後食事に出かけた親が帰ってきた時、子鹿がいないと、方々を探すが、私たちが考える程そう長くはない。あきらめるのである。その方が種にとってはずっといいことになる。第一、子鹿がヒグマや野犬（北海道にはすでに捕食者であるオオカミがいない）に襲われたのなら、相手はまだきっと近くにいるはずである。急いでこの場を立ち去らなくては危険だ。親ならその通りにする。

だから別れて六時間以上経てば子鹿が親に再びあうチャンスは極端に少なくなる。

ここまで説明してMさんは少し理解し始めた。……私が子鹿を親のもとに返そうと思っているらしいということを。そしてそれが時間的にも無理だということも。

「するとなんですかねえ」とMさん。

少し時間が経っていた。考えたのだ。

「……ひょっとすると私は助けたのではないとなるのかなあ」とつぶやく。

私はあわてた。Mさんがどうやら気づき始めたことに。

常日頃、Mさんの変わらない子ども心を羨ましいと思っていた。それを科学という一片の知識で論ずるのははずかしいことだとも。

ひょっとすると、本当に母親が何かの事故で子鹿の所へ戻ることが出来なかった場合もあるなあと付け加えたら、決定的になった。自分は子鹿を保護したと思っていたが実は誘拐であったと、Mさんは断定したのだ。

正直なところ、保護と称した誘拐犯は証拠品？と一緒にいくらでもやってきた。

みなし児ですと運ばれてきたカルガモのヒナを誘拐した犯人は三人の小学生、保護しましたと連れてこられた六羽のムクドリも立派な犯罪の被害者、キツネの子、そしてM

さんではない人の連れてきた鹿の子等、毎年この時期に登場した。

犯人と呼んだが、共通するのは皆やさしく、心から弱き者、困った者を助けたいと思っている正義の人々だ。宮沢賢治の「雨ニモマケズ、風ニモ……」で語られるやさしい心を持った人たちなのだ。


誘拐と確定したわけではないのに、Mさんは自分は誘拐犯と決め落ち込んでいた。何か手伝うことはないかとうめくように言う。私たちの技術からみれば子鹿の世話なんていうものは苦にならないのだが、やはり経済的には負担となった。なにせ数ヶ月もしないうちに牛乳が一日五リットル必要になるし、家中を跳ねめぐり、食器などを蹴散らす。

一番の問題は自分を人間だと誤解していることだった。

鳥類は生まれた直後に自分の周辺で動くものを見て、自分もあのような生き物であると認識、理解する。現実的には生まれた直後から数時間のうちに自分のそばで動くものと言えば母親に決まっているので、親子間の認知のシステムとすればうまく出来た様式だと思う。オーストリアのコンラート・ローレンツの提唱したいわゆる「すり込み」という動物行動の概念である。

鳥類だけかと思っていたら、どうやら哺乳類にもそれがあり、私たちの悩みの種となっていた。いわく、「(自分の種を指して)私はあんな者ではありません。私はあなたと同じ人間です」と物申すのだから困ってしまう。

かつて、あずかった子鹿が、生き抜くには心配ない大きさに成長したので自然のシカの群れに合流させようとした時、そいつは自分の仲間のシカが近づくのに気づき、仰天、林のかげにかくれて様子を見ていた私たち夫婦の乗る車まで跳ねてきて、車の中に入れろと前脚で窓ガラスをたたいた。

「あんな恐ろしい生き物はいやだ」と言う。

「冗談でない。あれがお前の本当の姿だ」と私は言おうとしたが自分にドリトルの才のないことに気づかされて、すごすごと帰った。

むろん後部座席には当の子鹿が乗っている。

「恐かったの、そう、恐いわねえ」などと機嫌をとるカミさんに私は憮然《ぶぜん》としていた。

私たちはこの現象を「すり違い」と呼んだ。


誘拐事件が起きる度に、私たちの最大の悩みは「すり違い児」の誕生をいかに防ぐかということだった。しかしそのための作業は思ったよりずっと難しく、正確に言うとほとんど失敗したと言ってよかった。

Mさんにはこんな事例を少しずつ話すしかなかった。

なんだか私があこがれるMさんの資質に当の私がケチをつけているみたいで、話す自分が嫌な男になっていると感じていた。しばらくMさんの姿を見なくなって、自分の対応のまずさにションボリしていた午後、Mさんがやってきた。

ウドをひとかかえ持ってきた。

久しぶりにMさんの話が聞けると喜んだのに、ウドを置くとMさんは帰ると言った。

そしてボソリとつぶやいた。

「私の目は少しおかしいらしい」と。

「二頭も見たんです」と続けた。林の中でうずくまる鹿の子の姿をあのあと二回も見たと言うのだ。

Mさんの話だと、林に入ってもなるべくあちこちを見ないようにしていたという。目的とする山菜だけを探していたのに、何かの気配に立ち止まると決まって

末娘と草の間でくつろぐバンビ

目の前にいるというのだ。知らん顔して通り過ぎ、帰りはその道から少し離れた所を歩いているつもりなのに、いつの間にか鹿の座る所へ出てしまう、と言う。別の林に出かけた時も見ないように見ないようにと気をつけているのに、足元から見上げる瞳に出合ってしまったのだそうだ。

話しながら少し悲しそうな顔をする。

そして別れぎわ、「先生、私の見たあの二頭は本当にみなし児ではなかったのですかねえ」とうなるように言った。

私は唯、黙って目をショボショボさせるだけだった。Mさんの言うとおり、みなし児だったかもしれないのである。でも、と私はつぶやいている。野生の生き物はいかなる場合に於《お》いても人が手出しをしてはいけないという法がある。でもそれはMさんには知る必要のない法に思えた。

Mさんの夢のような資質を、私はつまらない科学とやらの知識で消してしまったのではないか。少なくともあの夢みる子ども心から生まれるかもしれないドラマの誕生の芽を、私は勝手に摘み取ったかもしれない。落ち込んでいる。

Mさんが病気で亡くなったのはあの事件から四ヶ月後のことである。

第三章

ションベンで乾杯した男たち

昔、獣医科生は学ぶべきことが多かった。正確には記憶すべきことが多かったと言うべきだろう。

細菌学という分野がある。

先生はⅠ教授。

我々岐阜大学獣医科一一回生は総数四一名。二一名といった年もあったのだから多い生徒数の時と言えた。

それでもたかだか四一名。よって先生には出欠をとらない人もいた。

Ⅰ教授は例外的に出欠を律儀にとった。ある日、どうも自分のチェックに自信をなくしたのか、出欠の名簿をもう一度読み直した。二度とったのである。

そしてその直後しみじみとした声で言った。

「長いこと教員生活をやっているが今まで全員出席という日は一度も経験したことがない」と。

少し淋しそうだった。

私は高校卒業後二年半、会社勤めをして、一般的にいうと年をとってから入学した者という立場にあった。要は年寄りとかおじいさんとか呼ばれていた。年寄りというのは少し口がうまく、ある種の計画を若者に強いることが可能な地位を持つ。それであることを画策した。

○月○日。全員出席のこと。同級生全員と申し合わせた。

無論その日は細菌学の講義があった。

前日、休みの人間にも全員に電話、電報で連絡。まずは計画に齟齬《そご》のないようにと万全の準備。

当日、例によって名が読み上げられた。当然、全員がハイと答えた。

読み上げが終わってI教授は顔を上げ教室をすみからすみまでゆっくりながめ、もう一度、最初から名を読み直したのである。直後、名簿をダンと音を立てて机の上へ。

少し淋し気な顔をして言った。

「今日は休講にします」と。そして教室を後にしたのである。

あとでクラスの代表が呼ばれた。

その男の報告。

「欠席する者がいることで、自分の講義はまだ完全ではない。未熟なところがあるのだと長く考えていた。それがはげみでもあった。今日のようなことは二度と画策しないように……」と厳命であったという。

私たちはI教授が大好きとなった。

細菌学を専攻する者が増えると思って私は外科を選んだ。それは細菌学教室にははずせない実習が多く、もうその頃、六〇年安保の熱病に罹患《りかん》しそれどころでなかったのである。

敗戦後一五年、戦勝国アメリカと約束しようとした条約に、おとなしい日本人が反応した事件と言いたい。

条約文によれば、駐留するアメリカ軍にことあれば貧しい日本がアメリカ側で戦う。だがその反対の場合、アメリカは日本を守るという義務は持たないと「ぬけ、ぬけ、しゃあしゃあ」と言うのである。

それを今後一〇年間お互いに約束しましょうというなんとも間ぬけな話。

私たちは久しぶりに国家というものを考える時間をもらった。それが六〇年安保であった。

その条約反対闘争に負けたのである。

敗者に対して勝者はいつも、うたがいの目をひからせていた。

一九八九年一二月。私たち夫婦はアフリカにいた。ザイール。現、コンゴ民主共和国。同行は惣川《そうかわ》修《おさむ》さん。ディレクターである。青い季節の熱病といえばそれまでだが、病原菌が同じであったということから、同じ釜の飯を食らったいわば戦友といった気持ちが生まれた。学生運動の仲間。

それも一九六〇年六月一五日、どこにいたかで仲間意識はガラリと変わる。私たちは国会議事堂南門付近にいた。その日、樺美智子《かんばみちこ》さんが死んだ。私たちもそこにいた。

それが私たちに奇妙な連帯感を持たせた。なんとはなしに気が許せるのである。

惣川さんは当時テレビ番組をつくっていた。

ある時、アフリカへ出かけようとなった。ザイールの日本大使、ムライリ氏を我が家へ連れてきて話はトントンと進む。

ザイールは遠い。成田→ブリュッセル→キンシャサ。そして目的地東部のゴマへの旅となる。推理小説三冊は必要ですと惣川さんの言。

ところが彼は成田で手渡されたと厚いレポートを機内で出した。見送りに来た内水《うちみず》護《まもる》氏の論文だという。内水氏もまた六月一五日の友だった。

レポートは面白かった。久しぶりに学生の気分になれた。I教授の顔がちらついていた。レポートによれば内水護氏はソロー・ポンドの不思議を理論的に解明してゆく。

ヘンリー・ソローといえば私たちの時代、ドイツのマルクスと同じで学生が一度は手にし、その難解さにほとんどがなげ出すといった著書を世に送りだした人物で、私なんぞは学生時代数ページ見ただけで、資本論と同じく確実に眠くなり睡眠導入剤として重宝した代物である。

それでも本を買える時代を迎え、自然好きの人間にとってはある種のバイブルとして数冊手元にあった。

ソローはつぶやく。「この私の前にある池（ポンド）は毎年、秋になるとたくさんの落ち葉が流れ込み、時にはシカやクマの死体も見る。だがいつも汚れることもなく澄んで変わらない」……と。

内水護氏はこの変わらないという現象には自然が持つ浄化機能が働いていると考え、実験をかさね、システムを証明したのである。それを、「自然浄化法リアクターシステム」と名付ける。

惣川さんが手にしたのはその実験例報告集である。

これは面白かった。面白くてブリュッセルに着くまではほとんど眠れず睡眠不足となり、着いた日はボンヤリの一日となった程である。

旅の目的地、ヴィルンガ国

立公園はザイール東部にある。あの有名なオカピの住むイツーリの森や、火の山ニーラゴンゴがすぐ近くにある。

ヴィルンガは水の地でありそれはカバの王国を意味した。水溜《みずたま》りがあればそれがどんなに小さくてもそばにカバの足跡があった。

ヒポプールと呼ばれるカバの溜り場みたいな大きな水場に三日間通った。

カバは夜行性で日が暮れるとドタドタ、ゾロゾロと数キロ離れた草原へ食事に出かける。帰るのは太陽が出る頃、これもドタドタ、ヨチヨチと

ヒポプールと呼ばれるカバの水場。カバたちの挨拶で水しぶきが上がる

帰ってくる。

水場に入るとき、決まってウッウッとうなりながらバラバラとウンチをする。バラバラというのはあの太くて短い尾を左右に激しくふってウンチを撒き散らす音だ。「はいりますヨー」と仲間に告げる挨拶みたいなものである。

しかしカバは大きい。当然一度にするウンチの量も並みのものではない。

五十頭程のカバの休むそのプールは、水底からまき上がる泥とウンチが混ざってどろどろの汚れた沼となる。

だが早朝、朝帰りが始まる前のプールの水は実に美しく澄んでいる。水底で小さな魚の泳いでいるのが見えるし、両手ですくってみても汚れは全く感じない。思わず口をつけたくなるような水なのだ。

内水氏の論ずる自然浄化機能の働きがそれであると惣川さんは言うのだ。夜、カバが外出中に、水中のバクテリアが汚れた泥、ウンチを分解して本来の水の姿に戻していると。

それは内水氏が汚水の処理に長年取り組んだ結果、見えてきた結論と同じであった。

旅はいつの間にか自然界に於ける内水理論の検証の旅となっていたのである。

帰国してすぐに内水護氏を町に呼ぶ作業を始める。

当時、我が町も農業の構造改善事業とやらで国の資金がどんどん流入して乳牛の数が急速に伸びていた。それまで一戸当たり基準の頭数が四二頭だった。それでは世界には追いつけないと、六〇頭でなくては……、いや八〇頭は必要と、どんどんと飼育頭数を伸ばしていた。ちなみにいえば今では一五〇頭が普通で一〇〇〇頭の乳牛を飼育する酪農家もいる。

当然豊かな農村が生まれるはずだったのに、少し違った。

頭数が増える割合に比例するはずの収益は思ったより伸びない。

その上、頭数の増加にともなって、当然のことながら糞や尿の量が増えた。しかし本来糞尿は生産資材、肥料である。畑に還元され役目をはたすはずである。

だがそうはならなかった。

北の地は温度が低い。糞尿が畑に撒けるようになるには普通、一四ヶ月を要した。そのために牛舎に付属するものとして尿溜《にょうだめ》、堆肥盤《たいひばん》という腐熟させる施設がある。

それが機能しなくなった。機能しないと言うより、頭数が増えたのに腐熟させる施設の増設はその内にとあと回しにされた結果である。

なぜなら構造改善事業が始まった当初は四二頭。処理能力はその分までで、その後に増えた分は処理しきれなかった。

それでも家畜の日常は変わらない。餌を食べて牛乳を出してウンチとオシッコを落とす。

糞尿の施設はあっという間にパンクした。

畑に撒けば未熟なため作物には害の方が多くなる。かといって排泄《はいせつ》されるものを止めることは出来ない。

そこで、糞尿は産業廃棄物と考えようという案が出た。

これは私たち技術者だけでなくお百姓さんも反対である。

棄《す》てればその分化学肥料を使わなくてはならない。農薬量は確実に増える。大地の疲弊は目に見えていた。

現実に尿は川に流され、糞は国有林内に棄てられたという噂が、あちこちに流れていた。地下水が未熟な糞尿から産出される硝酸態窒素で飲用不適とされたというニュースもとび込む。

バクテリア里帰り作戦の本部、20万トンの処理場

内水理論では比較的簡単に、しかもこれが一番重要なことだが安く解決しそうだと、彼の報告書に書いてあった。

一度は勉強して悪い話ではない。

農協の組合長を説得、旅費と講師料を用意し講演会を開催。

講演会は不評であった。理由は私も理解した。

内水氏の話は難解であった。学術用語はもとより、なかでも細菌学という肉眼では見ることが不可能な世界の物語である。来てもらうことを画策した私に不満が集中した。

そこで私がなけなしの知識と言語を総動員して、内水理論の骨格を説明することとなった。学術用語と科学理論を庶民の言葉に換える、いわば通訳である。

これは面白かった。I教授の顔が時々浮かぶ。久しぶりに学生時代に戻れた。

内水氏との関係がこの講演会で終わるのはもったいないと考えていたら、同じような想いを持つ若い酪農家が数人いることが分かった。そこで小さな勉強会を立ち上げる。

月一回、内水氏を招く。その費用を会費として徴収する。場として倉庫をあてる。会員が増えて手狭となって、後半は、市街地に近い所にある我が家の私の仕事部屋を使うようになり、そこを第三倉庫と呼び始めていた。

月一回の内水氏の来町は刺激的であった。私以外は全てお百姓さんで事務局として折《おり》出《で》保正《やすまさ》君が参加。彼は私と同じ診療所に勤める技術者である。

まず尿の液肥化に取り組む。内水氏の理論に基づく手法によって尿の中のバクテリアを人間にとって都合のいい発酵スタイルに誘導し、それを牛舎に散布したり、堆肥の上に撒くことで、環境全体を腐敗スタイルのバクテリアの少ない空間にするという作戦。腐敗菌を繁殖の糧とするハエなどの寄生昆虫を減らす作戦でもあった。

二回目の会合。

尿の液肥化作戦が思ったような成績にならなかった。原因は内水理論の出発点が暖かい地での成功例であったこと。それが氷点下の日が五ヶ月も続く北の地は私たち人間だけでなく、バクテリアにとっても住みづらい地である。なかなかうまくいかないと結論。

そこで内水氏の提案。

「四国に出かけましょう。起爆剤が必要です」と託宣。そこで私たちは四国、高松へ。

三好正博《みよしまさひろ》さんという酪農家がいる。内水理論の実践者として、多くが自己流の変法をくり返したなかで、一分たり

ともゆるがせにせず今もその理論を守り続けている人である。

その三好さんに尿を分けてもらいに出かけたのである。お百姓さんも私も自費だったのになぜか同行した農協の職員は出張。六トンの尿の運賃と彼らの旅費でゆうに三〇万円近くになったのである。

当然理事会で問題となった。その議事録が私たちの元にチラチラと流れてきた。

「六トンのションベンごときにこの金額はなんだ。パンダのションベンなのか？」と。

時、パンダが上野の動物園

有機物と共にバクテリアを畑に還す作業風景

に登場した頃の話である。

四国から運んだ尿は立派にその機能をはたした。六トンの内、半分の三トンが六戸の酪農家に分配され、それぞれの酪農家の手作りの施設で、起爆剤としての仕事を始めた。残りは緊急時に使うと決めた。

一ヶ月後、内水氏がやってきた日、六戸の酪農家の面々は内水理論にのっとって造られた処理場で処理された、いわゆる液肥状のものをめいめいがペットボトルに入れて持参。紙コップが集まった人の分用意され、持参の液肥を各人がつぐ。

そのひとつを片手に内水氏がおもむろに口を開く。

「見たところ、嗅いだところ、今回は立派な液肥となっています。皆で再会の乾杯をしましょう」といって一気に飲み干した。

集まった我々も「カンパイ」と叫んで一気飲みをやって、直後お互いの顔を見つめていたのだった。

私たちがはるか四国の彼方《かなた》から持ち込んだ起爆剤なる処理尿を面々がセッセ、シコシコと混ぜ、地元菌を変化させ続けた作業が成功したことを内水護氏から認知された瞬間であった。

液肥化したションベンの中には人間にとって害となるような大腸菌等がほとんど存在しないことが証明（れっきとした検査機関の検査ですゾー）され、花のお江戸の水道水と同じだとヒソヒソ話が登場した。

その年の忘年会。温泉宿に皆、自作のものを持ち込み、それでカンパイのあと酒となったことを付記したい。

乾杯の洗礼は次々と広がり、当時やってきた客人の多くがその犠牲となって、ある時期、倉庫にやってくる人が半減したと噂された。

問題がないわけではなかった。

内水門下と自称するようになった面々の集いのあと、机の上に残るペットボトルのことである。乾杯の残りを飲み干す程の情熱はないらしく、半分位どのボトルにも残った。なぜか持ち込むボトルがウーロン茶または緑茶のそれであったため、会合が第三倉庫の時は、それが我が家の台所に紛れ込み、液の色がウーロン茶に近かったこともあって、ウーロン茶と間違われる。何度も物議をかもした。犠牲者の多くが我が家の四人の子どもであった。

「よかったではないか、身体が丈夫になる」と私がつぶやいたら、これも長く問題視され、困った親の代名詞みたいに使われた。

結局、内水護氏には一年間に一〇回来町してもらった。エキサイティングな経験をした。いつの間にか皆、いっぱしの細菌学者のような面構えとなっていた。

バクテリアのことをバイ菌と誰も言わなくなったし、内水氏の指導宜《よろ》しく、毎朝菌の機嫌をとるのだといって、庭先に造った処理施設をひとまわりするのが日課になった。「農閑期、毎日パチンコに行っていた息子が、処理施設の見回りや、手直しに時間をかけ、行かなくなった」とうれしそうに話すお百姓さんのお父さんの顔が今でも眼に浮かぶ。

技術は発展と進化をくり返し、澱粉《でんぷん》工場の二〇万トンのデカンタ廃液を液肥化し、我が町の耕地の半分、五〇〇〇ヘクタールに、有機物をかかえたバクテリア群を里帰りさせるという大作戦をほぼ一五年間続けた。

私は今でも、もしI教授に会えたら、この報告を真っ先にしたいと思っている。現世ではままにならないが……。

液肥化した尿を堆肥に散布、北国に於ける有機物の腐熟期間を半分以下に縮め、少なくとも家畜の糞尿を産業廃棄物にさせないという抵抗を続けさせてくれたバックボーンの内水氏も今はいない。時は流れる。

第四章

キツネは夢を追わない

一九七八年五月二五日、東京、五反田の東洋現像所（現・IMAGICA《イマジカ》）の試写室。私は四年間におよぶ長い長い戦いの成果を味わっていた。

まわしたフィルム六〇万フィート。続けて上映すると一〇六時間が必要。それをほぼ二時間にまとめたものが市場に出る。映画という商品として。私たちはそれをその日、観《み》た。

ラストシーン、そして音楽。暗転したスクリーンに向かって皆拍手。「いい映画になった」「これならば……」と各々が隣になった人々と肩をたたきあい手をにぎりあった。映画、『キタキツネ物語』が完成したと一同が確信した瞬間だった。ざわめきは続いていた。

私はポツンとひとり、二時間中に登場できなかった一〇四時間分のフィルムのことを考えていた。あれはどこに行ったのだろう……。かのエピソードはどこに消えたのかと。

決定稿は三度の練り直しの結果決まった。

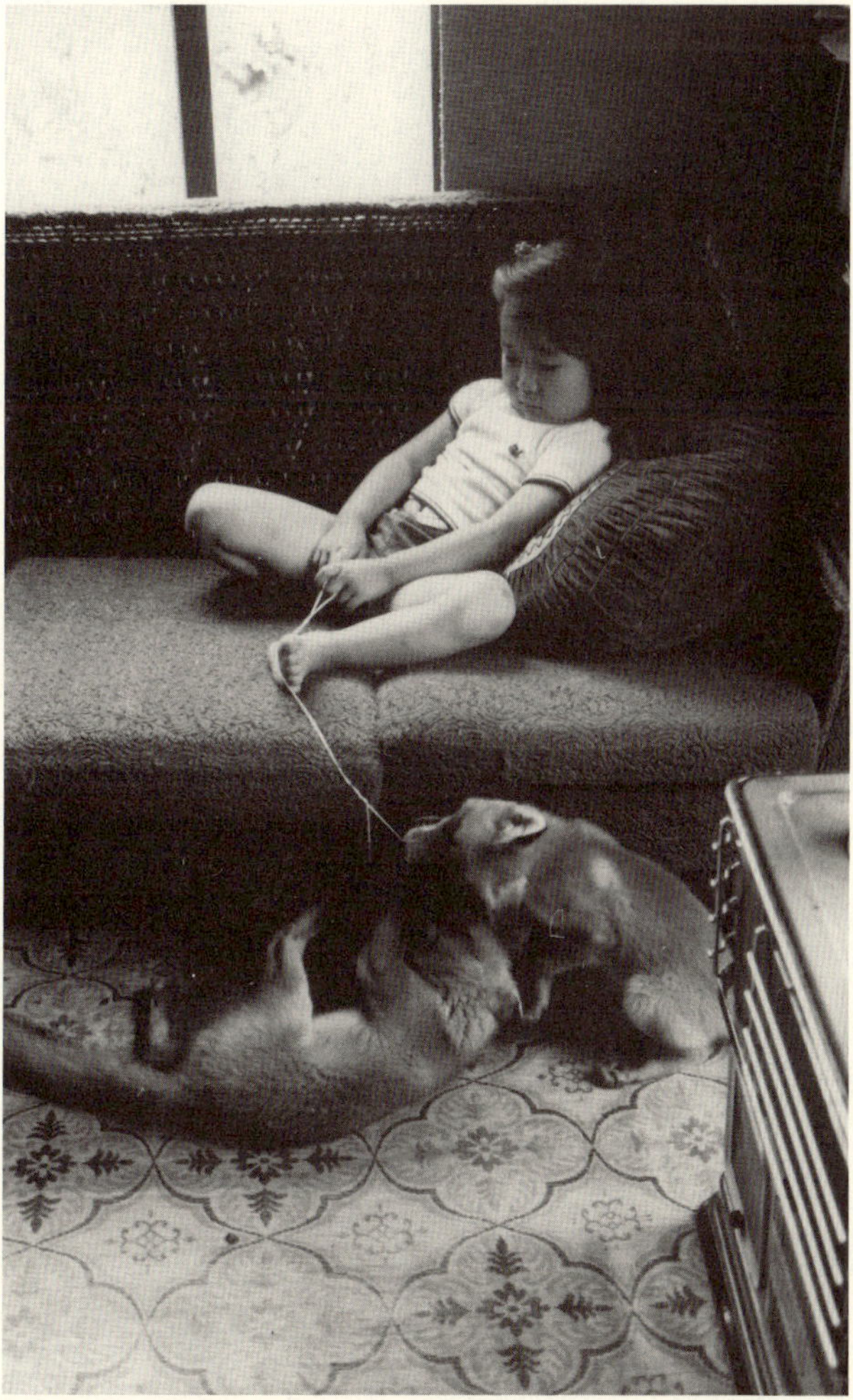

出演者養成所の調教師、末娘

なぜか表紙が赤であったので「赤本」と呼ばれた。

赤本のあるページ。

連日の雨。雨にぬれたキツネ。

夢をみる。

ノネズミの大群の中で歓喜の夢をみる。


としか書いていない。

これを具現するために兵隊が集められた。

まずノネズミである。それもウジャウジャ。相当の数が必要だと考えられた。少なくとも一〇〇〇は必要と言ったのは米田政明《よねだまさあき》君。彼はウジャとは五〇〇位のことを言うのだろうと日本語として結論づけたのである。ウジャの倍である。幸い倉庫を基地として周辺の林、草原、川をフィールドに調査研究をし、しかも常々腹を空《す》かせている学生たちをリクルートすることにした。

学部生もいたが多くは大学院生である。共通するのは淋しい北の果ての倉庫にしか住めない貧しい学生ということである。しかも原野のはずれでは、アルバイトと名のつく収入源は皆無と言えた。

農繁期といっても、当時、ほとんどが大型の機械によって運営される農業となっていた。

幸いなことに倉庫の住人に、キツネの食性がテーマの院生米田君、エゾヤチネズミの生息数を調べている学部生服部行則《はっとりゆきのり》君がいた。それにトリヤ（鳥屋、研究テーマが鳥類の人々を私たちはこう呼んだ）の小川、城殿の両君が出入りしていたので白羽の矢が次々と放たれ、召集されて軍団を組織した。

いわば倉庫は赤本、夢実現軍団の前線基地となった。

シャーマン型のワナが集められた。

大学の備品も一部、調査にも寄与するからと動員されたが、ほとんどを必要経費として用意された金額の中で購入、倉庫にそれが並べられた時は感動ものだった。

各々が森へ、林へ、草原へと仕掛けに行く。午前と午後、回収のために出かける。かかっていれば容器に入れ、倉庫の玄関、使われなくなった浴室、そして最後は居間の空間に並べられた飼育器へと移される。

飼育器と言っても、正式なものは一つだけで結局そんなものでは間に合わないと大型のブリキ製の一八リットル缶が集められ、それを使うことにした。材木や草などを入れて変化をつければ一缶で一〇匹は飼えるだろうと言ったら、米田君が、共食いするので無理ですと無表情の顔付きでいう。

彼は鉄仮面というあだ名が与えられていた。しかし、無表情で御託宣されると有無を言わせない厳かさがあって、皆ひれ伏すしかなかった。

結果、ノネズミに関しては米田君の所管と役割が決まった。彼らは技術者であった。ワナ猟は誰にでも出来ることではない。仕掛ける場所、仕掛ける角度、そして騙《だま》しの作業、皆経験が必需のこととなる。米田政明君を頂点としたその軍団は最強といえた。

しかしこの地の自然の豊かさには腰をぬかした。

来る日も来る日もシャーマンのワナにかかる獲物の数は少しも減らない。主としてエゾヤチネズミ、アカネズミ、ヒメネズミである。我々が獲る分だけ、敵は産み続けているらしいと感ずる程コンスタントに獲れる。

米田君、キツネと散歩

倉庫はノネズミの臭いに満ちて時々キツネがのぞき込んでいった。彼らには食糧庫に思えたのだと思う。

ノネズミの数が一〇〇〇を超えた。

誰かが「環境破壊かもしれない」とつぶやいた。一つの環境の中からこれだけノネズミだけを捕獲すれば、何らかの影響は出るに違いないというのだ。喧々《けんけん》が始まる。

「どんな影響？」と私たちは考え込んだのである。その時になって、いつも悪さばかりすると考えられていたノネズミたちも何かいいことをしているに違いないと論議された。

彼らに食べられた植物は苦い顔、その隣は大喜びに違いない。体にへばり付いた種子は方々で撒かれ、芽を出すだろうと考えられた。これで草原は多様な植生を私たちに見せつけているのかもしれない。

ノネズミによって生計を立てているもの、まずイイズナイタチが食糧難になり生息数を減らす。キツネや、猛禽類《もうきんるい》も困るに違いないなどと皆口々に言う。植生は今より淋しい風景になるのかもしれない。

とんでもない自然の破壊である……と帰結。私はノネズミごときに大仰《おおぎょう》なと思ったが、すぐに結論。

「撮影が終わったら元にもどす」と。

もどすといってもどこで獲ったかの記録がないと私が言ったら、鉄仮面はこういった。

「心配ありません。すでに記録していますと。」

研究者はメモ魔であった。どんなささいなこともフィールドノートに記している。元にもどす。その労力と出費を考えると元気がなえてきたが自然破壊者と呼ばれるよりいい。諤々《がくがく》が終わる。


次なる作業を始める。

ノネズミがウジャウジャ湧き出る場面である。米田君を中心にアルコール消費会が開催され、結論として砂丘に大型のポンプを埋め込むという案に落ち着いた。

砂丘の中に径一五センチ程の土管を埋め、その出口を砂丘のハマムギの生えた中央に出す。一方入口はそこから五メートルくらい離れた地点に置く。太い針金の先端にブラシをつける。ブラシは興奮したハリネズミの針のように全方

ノネズミを追うキツネ

向に向けた細い針金製で、針金の長さは土管の径と同じにするというのだ。

入口には大きなブリキ製の漏斗を注ぎ口を上にして取り付け、そこから一気にノネズミ群を落下、投入させようという作戦なのだ。

ノネズミ軍団の投下が終わったら、作った針金ブラシを土管の中にさし込み、ゆっくりと押して中の群れを出口の方へ押し出す。ポンプだ。


一〇〇〇をはるかに超えるノネズミたちが出口から湧き出る様を想像して、キツネの好きな私なんぞは狂喜乱舞のキツネたちの姿を想っていた。

当初三〇〇〇匹は集めないとなどと夢のような話をしていたプロデューサーのA氏がやってきて、そろそろ本番をやりたいと言った。

この映画は、当たり前のことだが撮影を始めた時から一度もリハーサルがなく、常に本番であった。そのため、いつでも与えられた条件内で撮影が行われていたので異論はなかった。

むしろありがたいと思った方だった。

それは倉庫がもたないと学生から苦情が出始めていたからである。彼らに言わせると、学校の実験動物の飼育舎の中で生活しているような気分だと言うのだ。

無理はない。多くの部屋が飼育器であふれている。

ネズミたちのケンカ、恋のかけひき、はては放尿の音まで聞こえそうだというのだ。

早く終わりたいと思うのは当たり前といえた。

早速ノネズミウジャウジャ発生器が砂丘に埋められ本番の朝を迎える。主役？ のキツネは前日、給餌なしである。腹を空かせてネズミに突進させようとの作戦。飼育器から運びやすい小さなケージにノネズミたちは集合させられ、結局出発したのは昼近くである。

現場の砂丘にはカメラ二台、カメラマン三名、監督、プロデューサー、キツネ係のカミさん、その助手、それに我々ノネズミ係である。総勢一〇名となる撮影隊が砂丘に立つとなんとも大仰である。

キツネがうまく動いてくれるか心配となる。

まずノネズミをウジャウジャ発生器の中にほうり込む。思った以上に手間がかかる。一〇分もしない内、それはまだ出演者を半分も舞台裏に集合させていない時に、気の早い？ 俳優の一部が五メートル先の舞台に舞い出ている。

待てーとそれをつかまえる係が必要で、それもあっという間に二人でも間に合わない程となる。

そこでA氏が自分の着ていたTシャツを脱ぎ、それで出口をふさぐことに。そしてやっと準備がととのった。

キツネがケージからカミさんによってだきかかえ出される。カメラマンがファインダーをのぞき込む。ポンプ係……すなわちハリネズミ的ブラシを押す係の服部君が身構えた。

私は出口をふさいだ汗臭いA氏のTシャツを取る係。

監督の「スタート」の合図待ちである。

何度経験してもこの瞬間は悪くない。いよいよ始まる勝負は、時の運そのものの戦いに熱くなる。あの緊張の走るのが好きだった。

「スタート」の声。服部君の肩がたたかれ、彼の腕に力の入るのが分かると私の仕事。そっとTシャツを取る。

カメラの回る音。両腕にだかれたキツネが

撮影風景

出口の前にそっと放される。出口からウジャウジャとノネズミが湧く。

その中でキツネがジャンプジャンプ……のはずであった。でもそうはならなかった。

キツネは砂丘を走っていた。何かを追って。よく見ると一匹のエゾヤチネズミを追っているのだった。

そんなもの……と私はつぶやき、カミさんに合図をする。予定外の動きに彼女もあわてて追いかけたが、その足音に驚いたヤチネズミが全速力で走る。それに反応して本日の主役が喜んでスピードをあげるのであった。

「ストップ」の声、監督である。

私たちはあらゆる能力を駆使してノネズミたちを元の発生器の中へ。

その次、砂丘のはるかな地で一匹のエゾヤチネズミを自慢気にくわえたキツネがスタッフの方をながめていた。

この手の撮影にはつきもののやり直し。

「スタート」の声、私の作業、カメラの音、ブラシ係の動作、カミさんとキツネの動き、そしてウジャウジャウジャのノネズミ軍団、全てがスローモーションのように見てとれた。

キツネがウジャウジャの中にほうり込まれた。

動きはそこで予定外のシーンとなった。

一回目と同じであった。

キツネは「選《よ》り取り見取りです」といって並べたてたテーブルの豪華さには目もくれず、群れから離れて走る元気な一匹に熱中しているのだった。

リハーサルでない本番が三度「スタート」したが、NGが三度記録されただけだった。

キツネは二兎《にと》を追わないという行動学的事実を残して終わった。

この事件？　があったあと監督はなぜか去っていった。思い通りにならない生き物の世界に絶望したとの噂が流れた。その日を知る私たち現場の人間は大いに同情したのである。

ほとんど誰もいなくなった暗い試写室で私はあの日々のことを思い出していた。そしてまたつぶやく。

「ネェ、あのフィルムはどこへ」と。

映画『キタキツネ物語』に我が倉庫が映っている。あの映画の中で夕闇の中、エントツからゆっくりと煙をはく農家が一軒ひっそりと登場する。

あれが私たちの倉庫（正確には第一倉庫）である。

二〇〇五年五月、私は中国にいた。

西安《シーアン》の北、楊家溝《ヤンジアゴウ》村。黄土高原の入口というのか、はずれかもしれない。万里の長城が近いと聞いた。ヤオトンと呼ばれる住居スタイルの村々が続く。そのひとつにかつて毛沢東、江青、周恩来等、中国共産党の中心人物が雌伏したヤオトン群が革命旧居としてあり、人々がたずねる地である。

黄土高原の表土復活作戦に参加したいという人たちにさそわれての旅だった。調査のあと一日、自由行動となった。

私は以前より見たかった北京のペットショップめぐりを希望し一人旅となった。タクシーを一台、終日借り上げることにする。日本語を話せる人という条件に手をあげた人は、自分の名をヤンといった。

昼食時レストランで一緒に食事。その時に突然彼は『キタキツネ物語』という映画を観たと言った。私はびっくりしたが、その映画が中国でよく観られたというのは知っていた。日中国交正常化を記念して一九七八年、日本から三本の映画が中国へ贈られた。『君よ憤怒《ふんぬ》の河を渉《わた》れ』『サンダカン八番娼館《しょうかん》・望郷』そして『キタキツネ物語』であった。その頃はかつて日本でもそうであったように、「文化映画」として国のすみずみまで上映会が企画されて皆を愉《たの》しませたと彼は言った。

私は嬉《うれ》しくなって、実は『キタキツネ物語』の企画・動物監督は私ですと言うとヤンさんは信じられないという顔をして、ならば一寸《ちょっと》、自宅に寄りたいと言い出した。私が問題ないと言うと郊外のアパートへ。そして持ってきたのが小さなポスターであった。

そのポスターの企画・動物監督の下にある私の名をなでながら、嬉しい嬉しいと言って握手を求めたのである。

私もパスポートを取り出しニセモノでないことを見せて、握手を繰り返していた。

別れる時、彼は料金をいらないと言い出した。恐縮する私に何度も何度も「嬉しい、ありがとう」と言った。

日本から持参した写真集をホテルで渡してやっと少し感謝の気持ちが示せたと気が楽になって、代わりに涙が出てきて困ったのである。

彼に言わせれば、中国人五億人は観ているだろうということだった。

あの一大作業がほんの少し報われた。鉄仮面たちの顔が浮かんだ。

それにしても、使わないといって消えた一〇四時間に映っていた無名の者たちのことをまだ気にしている。


鉄仮面の優秀さにぜひふれたい。

彼は在学中に学位を取得した。「ノネズミ類の個体群動態とその捕食者に関する研究—自然植生地を含む農生態系における哺乳動物群集」というテーマだった。

彼を優秀といいたかったのは、どうも倉庫の住人で在学中に学位を取った者が少ないことが私は常々不満であった。

私が何かの障害になっているのではないかと思うことがあったためだった。ところが彼はいとも簡単に「そんなことはありません」と手本を示したのである。私は大いに満足し、あちこちにふれ回った。

彼は、一般財団法人自然環境研究センター上級研究員として大活躍をし、九州大学の客員教授にもついたと聞いている。


映画『キタキツネ物語』は一九七八年七月一五日、全国で封切され観客動員数二〇〇万、テレビ放映時の視聴率四四・七%という数字を残した。

興行的には大当たりですとプロデューサー氏から電話があったが、それよりテレビの視聴率の方が驚きの数字だったらしい。それはそうだ。単純に考えても日本の半分の家庭で観られたということになるのである。後年、『千と千尋《ちひろ》の神隠し』がテレビ放映されるまでずっと記録の保持者であり続けた。

北海道の観光みやげの六〇%がキツネ関連に代わったと半分いやみにとり上げられた頃、我が家は押しかける観光客からのがれるために家族はひたすらウロウロする日々だった。

映画のおそろしさを初めて知る年となった。

第五章

映画は日本で一番小さい財団をつくった

映画『キタキツネ物語』はひとつの遺産を残した。「オホーツク稲荷」でも「キタキツネ記念館」でもない。日本で一番小さい財団。「小清水自然と語る会」という自然創成財団である。

自然を保護するのではなく、自然を生産しようという世にも珍しいお百姓さん的財団と言える。

一九七八年七月一〇日。

オホーツク海に面した戸数五〇戸程の集落がある。古名をフルトイという。丘がそこで切れているといった意味だと聞いた。アイヌ語である。その集落のはずれにクローバー亭というモダンなレストラン兼、ドライブイン兼といろんな機能を兼ね備えようとした建物がある。

そこで本邦初公開となる映画『キタキツネ物語』が上映された。花のお江戸のそれより数日ではあるが前のことである。

なんでも兼とすることの好きな人々が、ついでに私の二冊目の写真集『跳べキタキツネ』の出版記念会もやろうとなった。

少なくとも二つのお祝いである。特に映画は監督を始めとするスタッフの面々、それに出版も、編集長を筆頭に北の地で酒を飲みたいと思う人も含めると相当な数が予測された。

ならば……と考えたかどうかは定かではないが、会の発起人となるべき人を友の原田《はらだ》英雄《ひでお》さんや大出進《おおいですすむ》さんが選び出した。二人とも酪農家であるが悪友ではない。

実行委員を入れて総勢一七名。後に私が加わり花の一八人衆と呼ばれる面々だった。だが事実として「花」を添えて呼ばれたことは私は一度しかない。

会費一万円。目から火の飛び出る金額である。

ちなみにビール一本二一五円、駅弁五〇〇円の時代の一万円である。参集する皆の目が恐ろしかった。

だが盛会に終わった。

私は記念品として巨大な冷蔵庫をもらった。

常々、我が家での飲み会がいつも中途半端ななかで終わるのは飲み物がなくなるせいだと皆思っていたらしい。十分ビールが入る大きさにしたと原田さんがうそぶいた。

上空から見たオホーツク村

その言はその後の我が家の家計をふるえあがらせたことを付記したい。

会が終われば当然発起人会・実行委員会は解散……のはずであった。

だがそうならなかった。面白いメンバーだからもう少し存続しようというのだ。酒を飲む理由として会があった方がいいとは誰も口にしなかったが。そうに決まっていると言ったのはメンバーのひとりの奥方だった。

そこで会の名をつけることにした。

「小清水自然と語る会」にした。……自然と語る……としたのが心意気と言えた。普通だと……自然を語る……とするのをそうしなかった。

その目線の低さである。

一八人衆の職業を記すと、農業者九名、獣医師三名、農業協同組合関係者二名、公務員三名、ユースホステル・ペアレント一名となる。獣医師も農協関係者も、農業者とひとくくりにしてもいい農村の形態からいえば、ほとんど農業者御一行様ということになる。目線の低さは当たり前の話である。

長年戦い、抗《あらが》ってもどうしてもねじ伏せることのできない自然に対する畏敬の念の表現ともとれた。

いい名だと誰もが自負した。

月一度の集まりによく倉庫を使った。

(その後は居候的学徒が増えて手狭になって河口の第二倉庫、それもあっという間に手狭になり、市街地の私の住宅が第三倉庫と呼ばれるようになっていた。しかも、第四倉庫建設の話まで登場する)

四〇年弱前の話である。

草深い農村で自然とか環境とかを口にする族《やから》はアカと噂された時代、余程ハイカラだったのかもしれない。会はやがて野鳥の会の小清水支部を内包し、自然の生産者になるのだと二一ヘクタール、後に買い足して三四・七ヘクタールもの山林原野の持ち主となる。

驚くなかれ。全て借金をして買ったのだ。とち狂ったと言われても仕方がなかった。全て酒のせいだと私はつぶやくのだが、七五歳を過ぎてもいまだ少年の心を失わない原田さんは「そんなことはない」と顔を赤くして否定する。

林はその町の中央を流れる川がオホーツクにそそぐ河口にあった。いわば第一、第二倉庫のすぐそばということになる。

持ち主は柴田鉄之助《しばたてつのすけ》さん。漁業者である。

「森は海の恋人」と言ったのが誰であったか失念したが、柴田さんはそのことを深く理解していたと思われる。

森が消えると魚も消えるということを。

日本のニシンがその代表である。ニシンが獲れて獲れて獲れ過ぎた時代、人々はそれを畑の肥料とした。

そのままでは使えないので一度煮て干して魚粕《ぎょかす》として使った。運び易いし、いつでも使えて重宝したのである。

しかし煮るというのは難儀なことである。大量の薪《まき》、すなわち燃料が要る。石油なんその手軽な燃料のなかった時代の話。

そこでと目をつけたのが周りの森や林の木々だ。ニシンの獲れた分だけどんどん伐ってどんどん燃やした。森や林を伐り開いたのである。

ある年、ニシンの回遊がとまった。

そして人々は離村した。

北海道でも人口が半分となった地があり、私はカムチャツカで、村が完全になくなった所を二ヶ所見た。

柴田さんはこの事実を知っていたのだろう。

木々の育ちの悪いデルタの地にせっせと植え続けたのである。魚付林《うおつきりん》を創ろうとしたのだ。

一九七八年一二月一一日、柴田鉄之助さんが亡くなった。林は植え始めて一七年が経っていた。

ある夜の例会で林が売りに出たと誰かが言った。

亡くなった柴田さんの遺族が売りたいと言っていると。

そんなことが話題となったのは倉庫の住人、学生の数人がその地をフィールドとして調査研究していたことを知っていたからだろう。

「あ、そう」と話題としては続かずに終わった。

ところが一ヶ月後、なぜか話題は植えて一七年という、北の地の植林地としてはポヤポヤ幼稚園児といったところの林のことで沸騰した。

町議会のなかに、調整役としての機能を持つ特別委員会が用意されたというのである。当時は後年バブルと呼ばれた人間の躁《そう》の季節の入口あたりのこと。大地がそれを引っ張っていた。地価のことである。

亡くなった柴田さんの土地にお百姓さんの熱い眼差《まなざ》しがそそがれるのは当たり前だった。

皆、畑になる土地がほしかったのである。

私たちの会は前述のごとくお百姓さんの集団である。

どうしても気分は時の流れに流される。

ひとりが発言すると、もう歯止めは利かない。

地縁者とはいわないが、そのポヤポヤ幼稚園児的植林地に隣接する所に土地を持つ者が三人もいる会が、少しずつだが声が大きくなるのも当然といえた。

ところが……さすがは「自然と語る」……と名乗る会である。

突然、本当に突然である。

「会で買いましょう」といった人が出た。誰であったか、たぶん酔っていたので定かではないが私ではないことは自信を持って言える。ところがもっと不思議なことだが誰ひとり異議……すなわち反対を主張する者がいなかった。

しかもその代金の額である。

総額四二〇〇万円だという。

私なんぞは青くなってふるえあがったが、他はそれ程の顔をしていない。一八人衆唯一人の下戸である菊池隆司《きくちりゆうじ》さんも「そんなもんでしょう」的な顔付きをみせる。彼はユースのペアレントである。

勝負は決まった。あっという間だった。

会として、その地を子どもたちの声がいつも聞こえる森に育てるのだという凛々《りり》しい合意が宣言されて、その夜は散会となった。酒のせいだ……と、部屋のあとかたづけをしながら私はブツブツつぶやいていた。

でも相手のある話。

誰かがもっと高く買うと言えばどうなるか。

でもそれもなく、いともすんなり会が手に入れた。

「木を伐らないという人に買ってもらいたい」という故人の強い遺言だった。

伐らないと確約したのは私たちの会だけだった。あとの人々は農地にしたいというのが正直な気持ちであった。

会は臨戦態勢で備えた。

借金をするのである。会長がそれまで企業の管財人であった小山勝広《こやまかつひろ》さんから大出進さんに代わる。借金を持つ小さな会が原田英雄さんを中心に後に二二二億円を運用する。大型農協の事務方のトップ参事となる平野賢昭《ひらのまさあき》さん、農協の監査役を長年務める北堀峯孝《きたぼりみねたか》さんたちが支えた。

一九八一年一月六日、土地売買契約成立。予定通り四二〇〇万円の借用をする。私たちは借金を背負う会となった。

しかも、その利息の高さに仰天、恐怖する。

年利九％というのだ。考えると私たちは、毎日利息だけで一万円ずつ借金が増えるという立場におかれたことになる。

ところがその現実にふるえあがったのは私なんぞのサラリーマン組だけであとは当り前、泰然としていた。

私はそれにまた腰を抜かしたのである。

借金を背負った貧しい会は代わりに知を生んだ。知恵である。

出資を全国から募ることにする。そのために自分たちの会の心意気を言語化、文字化するという作業を試みる。次いでいかなる仕組みにするか議論。いく夜もいく夜も続く。それが私たちの一番の勉強期間であったと気づく。

結果、システムとしてナショナル・トラスト方式を採用する。

問題がないわけではない。ナショナル・トラストは、歴史的名勝及び自然的景勝地を買い取りなどで入手し保護、管理する、英国で生まれた非政府の組織である。

そこに流れている思想には多くの人が賛同し、寄付を募るにあたって、彼らはこう宣言した。

「一人の人の一万ポンドよりも、一万人の一ポンドずつを」と。

私たちはここで立ち止まってしまったのである。

第一に私たちが出資をお願いしようとした地は、歴史的

オホーツク村名物のたき火

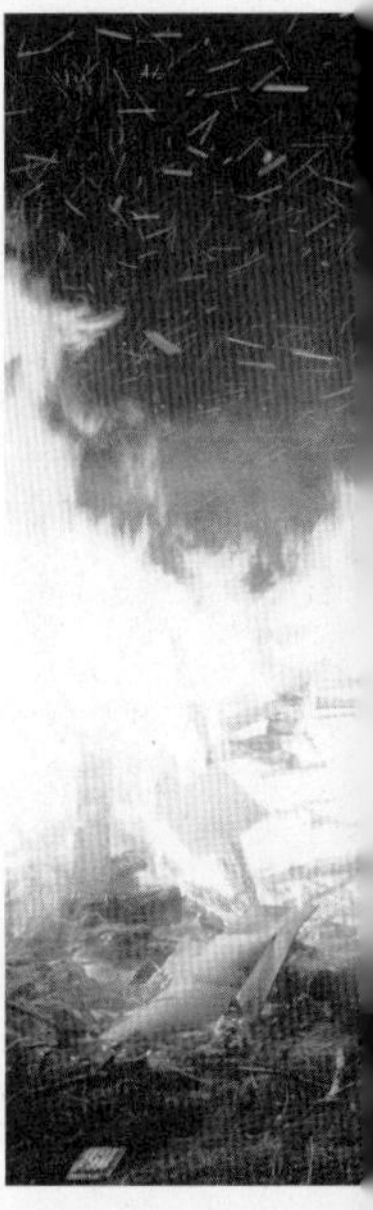

にも自然的にも名勝なんぞでは全くなし、他者からの評価では、ポヤポヤのヨチヨチ幼稚園児みたいな自然度しか持っていない植林地である。

その上、一ポンドというような少額の出資では事務的にとても対応できないと考えていたからだ。出資者とはもっと家族的な交流を考えたいと思っていた。

「こりゃあ、資格なしだなあ」と半分あきらめかけた時、時代は日本的ナショナル・トラストのスタイルをつくってもいいのではないかといった気分となっていた。

そこで私たちは、お百姓さん的発想のナショナル・トラストを出発させることにした。保護すべき自然でないのなら、保護したくなるような自然を創ろうと。隣接する防風林が天然林だったのでそれに近づける。伐って植えてをくり返すことは私たちは得意だった。

開き直ったのだった。考えてみれば、自然が好きだと山を楽しみ、鳥を楽しみ、釣りを楽しむ人たちの行動を見れば消費者的な動きが多いことに気づく。楽しむ行動は同時に消費する行動とも言えるのである。

常日頃、消費者に喜ばれる食べ物を生産するお百姓さんから見ると、思った以上に我が国では自然は消費されているとみえるのである。本来自然の復元力は、人間の少々の消費なんぞではビクともしない力を持っているのに、どうも人間の数がバカにならない程に増えて、保護なんぞでは間にあわなくて、どこかに生産者がいないと危ないと感じている私たちみたいな人間がいても不思議ではなかった。

たまたま酒の好きなお百姓さん御一行様的な集団がそれをつぶやいてもいいだろうとなったのである。

その生産基地、生産現場として、亡くなった柴田さんの魚付林は衣替えをすることになる。

その地を私たちは「オホーツクの村」と呼ぶことにした。遊ぶ子どもたちの喚声が聞こえる地として「村」を採用したのは会の一番の想いと言っていい。

一九八一年六月二八日。

私たちは皆、あい集って開村を宣言した。初代村長は原田英雄さん、助役菊池隆司さん、収入役平野賢昭さんである。

アメリカ大統領の有名な演説を真似《まね》て、普通人による、普通人のための、普通の自然創りが始まったと私はひとりつぶやいていた。

募集した出資者は五〇〇人であった。大人四〇〇人、子供一〇〇人である。林の購入金額四二〇〇万円をふり分けると、大人一〇万円、子供二万円となった。

それは当時、コンピューターという機械がこんなに進化すると誰も予測していなかったために、片手間仕事で対応できる人数を考えるとこうするしかなかったのだった。

多くの人に出資を願うのだから組織もエリを正そうと財団法人化にチャレンジし、開村式から二年後の一九八三年七月一日に認可された。

一九八七年、一九八八年、一九九四年と隣接する土地及び山林を次々と買い増し、総面積は三四・七ヘクタールとなった。

もう戦争と言えた。借金に呻吟《しんぎん》、苦悶《くもん》

オホーツクの村、開村35周年の写真

するも、なぜかその都度、知が次々と生まれた。

絵葉書をつくる。オホーツク村のシンボルマーク入りのTシャツ、トレーナーをつくる。全て利息を支払うためであった。平凡社という出版社にお願いして、小清水町産の農産物を売ってもらう。むろん有機栽培である。そのための勉強会の顛末は第三章に記した。

一九八九年一〇月七日、ナショナル・トラスト全国大会が我が町で開催された時、お祝いにかけつけてくださった画家の安野光雅《あんのみつまさ》さんから次のような挨拶をいただいた。

「出版社が野菜を売る時代なのだから、農協が百科事典を売ってもいいのではないか」と。

多くの人に手伝ってもらった。永六輔さん、犬養智子さん、杉田二郎さん、黒柳徹子さん、環境庁（現・環境省）の瀬田信哉《せたのぶや》さん、マスコミの方々、挙げ始めたらきりがありません。

本当にありがたかった。

大きな金額を授けていただいたアムウェイ・ネーチャーセンターの人々、助かりました。私たちはとても足を向けて寝られません。

今になって私は思う。貧乏も悪くなかった……と。

二〇一六年一〇月八日。村は開村三五周年を迎えた。

第六章

キツネに化かされない人がいる

昔、またまた昔と言ってしまった。

古きよき時代と言っておこう。その時代の出版社の編集部というのは文化そのものであった。まるで方言にも似て、それも北の秋田弁と南の鹿児島のそれがぶつかり合い、火花が散ってきな臭いと表現しようとしたが……そうでもなく、どこか間の抜けたボワーンとした空気の中にあった。

田舎者にとっては目がくらくらとする想いで出かけるのが楽しみ。連載の打ち合わせなんぞで呼ばれると一日早く出かけたくなる程であった。

平凡社。当時は千代田区四番町にあった。

近くのホテルを朝九時には出て歩いて一〇分、私の行く「アニマ」等の雑誌の編集部はたしか四階だったと記憶する。

誰もいない。隣は「太陽」の編集部、そこも人の気配はない。

一〇時を過ぎても変化なし。でも電話はかかってくる。

私は思わず受話器を取って「ハイ、ハイ、こちらアニマの編集部」と答えてしまう。「担当の者が来ましたら、電話させます」と答えてメモするのがそんな朝の仕事みたいになっていた。

ところが隣の編集部にも、私と同じような役目の男がいることに、ある時気づいた。「ハイ、ハイ太陽の編集部です。担当者に後程……」と私と同じせりふをはいている。その人が荒俣《あらまた》宏《ひろし》さんだった。彼は当時なぜか平凡社の社屋に居候していた。時々私たちは顔を見合わせ、この社には準社員という規定がないものですかネとつぶやいていた。

そんなことが普通の世界であった。

初めての出会いが、この編集部だったという人が多い。安野光雅さん、なだいなださん、吉村昭さん等々である。いずれも後年、北の倉庫の客人となった人たちだった。

安野光雅画伯と言うべきかもしれないが長年の呼び方、安野先生で許してもらおう。その安野光雅さんのことである。

紹介してくれたのは当時はまだ編集者であった沢近《さわちか》十《と》九《く》一《いち》氏。彼は後にアニマの編集長となる。

「とても面白い人がいる。しかし用心した方がいい」というのが前段にあった。四〇年も前なのに安野先生は現在と全く変わらず、雰囲気は画壇の渥美清《あつみきよし》さんだなあというのが第一印象だった。

そこにいるだけで周囲が暖かくなる……と永六輔さんから渥美さんの話はよく聞かされていたのでそう思ってしまった。

暖かく、なんとはなしに一緒にいることがうれしくなる人であった。どんな話をしたのか、よく憶えていない。


ある夜、東京から電話があった。安野先生からだ。

「北海道へ行きます。美人を連れていきます。覚悟あれ」といった。マドンナを連れてくるというのだ。この頃からもう映画と写真にかぶれていた。

第五章で書いた「オホーツクの村」をたずねたいとおっしゃる。『遠くへ行きたい』というテレビの番組だという。少しでも周知の手助けができればという安野先生特有のやさしさがそこにあった。

私たちは喜んだ。マドンナが樫山文枝《かしやまふみえ》さんというのだから地元は大騒ぎとなった。その十数年前、NHKで『おはなはん』という朝の連続ドラマ番組があり、彼女はその主役、おはなはん役をやったのだから田舎では大事件といえた。

当時、傷付いたり、病気になって運び込まれる野生動物のために防風林の中に新しくリハビリ専用の建物をつくり、そこが週の半分の自分の居場所だったので、友は第四倉庫と呼び始めていた。

設計者は鹿野宏《しかのひろし》さん。建築設計士。旅人であった。病んだ動物のために変化に富み、遊び心が十二分に加味されたもので、リハビリセンターとしては最高のものと思われた。

ところが集まってきたのは病んだ野生の動物だけではない。リハビリが必要とされた……かどうか定かではない人間の男衆。

炉を囲んで、あぐらをかく男の間に入院患者がいるという図が当たり前となっていた。

安野先生は何でも喜んでくれた。そして何でも美味しそうに食べた。欠点とはいえないがあまりお酒を召し上がらない。

酒で思い出したことがあるので横道にそれる。

40分の挨拶をする安野先生

その前年かもしれない、ある年。

旭川で安野先生が講演会をやるから、出てこないかと旭川の人たちから誘いがあった。安野先生が竹田津君に声をかけてくれと言ったそうだ。

喜んで飛んで行ったら、夜の歓迎会に付き合えという。これも喜んだら、先生の隣。次々とおとずれる人の酒をうけてくれというのだ。それが仕事だと分かった。無論大喜びだった。

以来、先生は酒をあまり飲まないと決めていたので、当日は大酒飲みは遠慮するようにとお触れを出した。現実にはいつもの大酒飲みが、あまり飲みませんと言って集まってきた。

でも楽しい時間であった。

「用心した方がいい」といった沢近さんの言葉の意味が分からずに終わった。

平凡社から出した何冊目かの本の出版パーティを東京でやってもらった。

平凡社の下中《しもなか》記念財団の事業の中にECH本アーカイブズという部門がある。動物行動

写真集の表紙

学の父コンラート・ローレンツなどが中心となって民族学、生物学上の重要な行動の記録を映像で残そうという壮大なプロジェクトがドイツで始まり、財団は日本に於ける唯一の支部であった。

私は数年前からキツネの行動記録を残すという作業を手助けしていた。

そのフィルムの関係者が、そのパーティに手伝いとして参加していた。

東京シネマ新社のスタッフの面々である。

彼らは倉庫の客人というより、そこを基地として出入りしていた歴史が長い。

その年の二月、私たちは初めてキツネの恋の顚末と交尾をフィルムに残した。それを少し自慢したかったのかもしれない。

パーティの会場でそれを試写した。

キツネは犬科の動物である。交尾の行動、形態は犬そのものと言っていい。連尾といって当人の意思では交尾を中止することができなくなっている。

解剖学的に言うと少し面倒なのですが、性器の一部が一定時間膨張して離れることができなくなる。時間で言えば二〇分から四〇分という長い時間である。

それは雄にとっては苦痛となる。そこで私がよせばいいのに一言。

「雄にとっては痛いんです」と言ってしまった。

一ヶ月が経っていた。

夜半、午前一時頃である。電話の着信音で起こされた。受話器を取るとうれしい声。友の電話だと決まって「今何時だと……」という気分そのもので対応するのだが、先生であれば何時でも……という気分。

「竹田津さん、あれは言い過ぎではないか」と。

私は青くなった。何か先生に対して失礼なことを言ったかもしれないとあれこれ思い出そうとあせっていた。

あれだったか、これだったかと考えると恐ろしくなる。

「…………」

「あのことです。キツネの雄のことです。あれは正確には、雄は痛いんじゃないかと思う位でとどめた方がいいのではあるまいか」と。

これには反応は速かった。妙に自信があった。

「間違いありません。キツネに聞いたのですから」と答えてしまった。

「ほうかネ」といって電話は切れた。

三日経っていた。やはり夜半の電話。出ると先生の声、うれしい。

「聞いたと言ったが何語で聞いたのかネ」と。「キツネ語です」と私。その時も先生は一言。「ほうかネ」で終わった。

次の日、夜半、この時は私も待っていた。

電話が鳴る、「はいはい。竹田津です」と私。

やはり安野先生からだ。

「キツネ語で聞いたと言ったがアナタはどこでそれを習ったのかネ」ときた。

私はキツネと付き合って長い。当時としても日本では長い方だし、自慢ではないが一○種類の共通語を持っていると思っていたので「キツネに聞いた」と言えばほとんどの人が「そうかい」で終わった。

先生が少し違うことに気づき、私は腰を浮かしかけていた。

「アンノ先生、そんなことを私に言うとキツネが笑いますヨ」と口がすべった。

「ほう、キツネが笑いますか。キツネがねぇ」といって切れた。

私は身構えた。次は何と言ってくるか。「どんな声ですか」と来れば「ふん」と鼻で笑います、腹をかかえますかと問われれば地面にひっくり返る写真もあるからそれを送りつけよう、それも速達書留でとだんだん楽しくなっていた。

でも電話はそれきりだった。

来たのは忘れた頃だった。

夜半、カミさんが「先生から」といって電話機を仕事部屋に持ってきた。

やあ……と身をひきしめる。

「あの、キツネが笑うことです」と。

「そら来た」と私。ところが続く言葉に私は首をすくめた。

「顔面のどの筋肉がゆがむのでしょう」である。

私は絶句した。

安野先生は、笑うという言葉はどの筋肉が伸びたり、収縮するといった物理的な様式を述べなくては正確には表現できないというのだ。

「それはそうだ」と私はうめいた。

「少し勉強します」とすこぶる間のぬけた返事で受話器を置く。

急に恩師の嵩終三《すうしゆうぞう》先生のことを思い出していた。先生は解剖学の教授だった。来る日も来る日も骨を眺め、肉を分け、臓物をまさぐっ

ていた。江戸時代でいえば腑分《ふわ》けである。

そしてそのありようをせっせとノートに描き残すのである。

卒業後もあれがどんな意味だったのか分からずにきた。

先生は絵がうまかった。風景であれ置物であれ実に正確にさらさらと描いた。

退職後、時々北海道へやってきた。我が家に数日いて、旅の途中で描いた絵を見せてくれる。多くは風景であったが時々馬や牛の放牧風景を描いた。どれをと

キツネの恋の顚末と交尾

っても生き生きと躍動感があった。

それについて問うたことがあった。

恩師の答えは骨と連なる筋肉のありようを正確に描くとこうなりますと。

気づいた。どうやら安野先生は我々……とはいわないが私が観ているものを違う視点というか、違う角度から観ている。時には逆様にも。それは解剖学者の目である。

沢近氏の言った「用心しなければならない」という意味が少し分かったような気分となっていたのである。世間を腑分けしていると気づいた。

でも用心し過ぎてももったいない。進歩という名で落としてしまったものをもう一度気づかせていただいていると思いたい。


一九八六年七月一二日から三日間、前述のオホーツクの村の開村五周年を祝う会が開かれた。

永六輔、犬養智子、佐藤勝彦、杉田二郎さんたちがかけつけ祝ってくれた。

当然？　安野先生も。

安野先生が来るというので現地は沸いた。原画展もやらせてもらった。挨拶もいただけることになった。

そこで手違いが起きた。

東京での話し合いは沢近氏の役目であった。私の方は是非講演をと頼んでいた。彼は先生は了解したと言ったが、それは挨拶の件だと当日知った。

安野先生はその数年前から講演はしないと決めていたらしい。らしいというのも当日聞いた。

現地は「安野光雅、大講演会」の看板を用意していた。

私たちは青くなった。

それにうすうす気づいた安野先生は私に聞いた。

「何分かネ、挨拶の時間は……」

「まあ、四〇分位お願いします」と私は答えたのである。

律儀な先生はそれをやってくれた。

きっちり四〇分。その間、沢近氏と私にしか分からないような言い方で四回、二人の悪口をいった。

ひや汗がいつの間にか止まってうれしくなっていたのである。

しかし反省をした。

あれは立派な詐欺であったと。「都会の時間、田舎の時間」の違いの範疇《はんちゅう》をはるかに超えていると。

それを思う度、少し小さくなっているのである。

反省ついでにもうひとつ。

うかつにも安野先生のことを画壇の渥美清さん、と言ってしまった。これは反省しなければいけない。

いつかどこかで、先生がフランスの有名な映画俳優に似ていると言われて悪い気がしなかったといった意味のことを書いた本があったことに気づいた。

訂正しようと探したがうまくゆかない。

先生の本を仕事部屋に積んで読み始めたが、あまりに多過ぎて締め切りには間に合わない。訂正を諦めた。

それにしてもと大きくため息をついている。

その量にである。フィクションでないのだから恐ろしい。

人間とはかくも面白い生き物であると世間を腑分けし続ける先生の知の報告書である。

出会えてうれしいと本当に思っている。

第七章

キツネの神様のタヌキの子

Sさんは近くの養狐場《ようこ》に勤めていた。

養狐場というのは字のとおり、キツネを飼っている所。ペットではなく皮毛を生産しようという産業の現場。

主として女性のあこがれ、ミンクを生産する飼育場に付随したものと言っていい。ミンクは大食漢で、常に余る程の餌がないと目的とする品質の毛皮は生まれない。そこでと常に余る程の給餌を行う。当然食べ残しが出る。そこは産業。残滓《ざんし》の有効利用を考えるのは当たり前。キツネが選ばれた。

養狐の歴史は長い。特に寒地の北海道は良質の毛皮生産の適地である。しかもベニと呼ばれた赤味の強いキツネの系統が土着する歴史がある。その上、餌となる雑魚の捕獲量も他の地方を圧倒する。

そこで……と大手の水産業者が事業の一部としてミンクの飼育場を経営することが多かった。

Sさんはそのひとつ、日魯《にちろ》漁業（現・マルハニチロ）のもつ日魯毛皮（現・ニチロ毛皮）の網走飼育場の飼育員である。歴史は長い。

終戦時は樺太《からふと》、現サハリンにいた。

その時も毛皮場の飼育員でそのままシベリアへ抑留され、そこでも同じことをやっていた。

その技術の高さを評価され、帰国が決まった時になって、レーニン賞を与えるから、このまま残ってくれないかと敵？側からもちかけられたがそれを断ったという人である。

「あんなものより、日本に帰りたい」と言ったという。

日魯毛皮の網走飼育場の場長、寺田周史《てらだひろし》さんは獣医師であり文化人であった。

私がキツネの調査を始めた時よりなにかにつけて便宜をはかってもらった。そしてSさんを私個人にはりつけてくれたのだ。Sさんはキツネに関しては長年の経験から、知識だけでなくある種の哲学みたいなものを持っていた。

一言でいえば対等であった。人間対動物ではなく、向こうも生き物こちらも生き物の関係であった。

私には先生だった。時々話すキツネのことは私にとってはキツネ学。大学卒業以来の講義であった。いつの頃からかSさんのことをキツネの神様と呼んでいた。神はきさくに、近くを通ったからと時々倉庫に立ち寄り講義をしてくれた。

妊娠中のキツネはストレスがかかると流産すると言ったのはSさんだった。

場内には飼育舎としてケージが並ぶ。管理人のための作業通路として幅二メートル余りの空間があるが、ケージとケージの間はぜいぜい二〇センチである。

ある年、その場内にひとつのブロック、通路を中心に両側六コのケージで出産数ゼロという珍現象が起きた。キツネは平均四頭の子を産むと言われている。隣りあわせのケージで一頭も産まれないというのは間違いなく珍現象。場内で飼育するキツネの九〇％は雌で子どもの生産のために飼っている。その子を大きくして毛皮を生産する。

Sさんの最も重要な仕事は雌を妊娠させ、たくさん子どもを産ませることだった。キツネのように一年に一度の発情期しか持たない生物は交尾をすれば受胎するとされている。

どんなに偶然が重なっても、並んだ両サイド六頭が不妊とは考えられなかった。これは神様が言う珍である。

そこでSさんの研究が始まった。

そして発見した。

子どもを産まなかったブロック中央、丁度作業用の通路が十字路のように交わる真ん中に空《から》のドラム缶があることに。

その中身がないことが原因だった。

北海道の冬、昼夜の温度差は大きい。早朝は氷点下二〇度なんていうのは「今朝は寒いねー」位の挨拶で終わる。ところが日中になると零度近くに上がる日もある。

この気温にドラム缶の中に閉じ込められた空気が、右往左往する。

日中、逃げ場のない空気が時にはドラム缶の内側から押しに押し、缶の容積を外側に拡張する。

早朝は逆に容積を縮小するために缶は悲鳴をあげる。

その時に発する音がどんなものであるか。

Sさんによればパーンという。それがたとえポンであってもポコであっても、聞いたキツネたちにとっては跳び上がる程のものであったはずだ。

パーンは鉄砲の音、ポンでも聞きようによっては銃声である。

その時のキツネたちの気持ちは十分理解できる。Sさんはそれが原因で流産したのだと断言した。

その自信はその年の秋、キツネの殺処分の季節、普通だと淡々と進む工程の中に、彼はその子どもを産まなかったブロックの六頭プラス、その両隣のケージ四頭、合計一〇頭の子宮の精査という一作業をまぎれ込ませた。

作業は正にベルトコンベアーといった流れで行われるのに、この一作業を入れたのは場長、寺田さんの配慮であった。

結果、子どもを産まなかった六頭共に立派に途中までは生育させた胎児を流産していたことが分かったのである。

胎児はその母なる子宮に証拠を残す。自分はここにいたんですと残すのである。受精卵は子宮壁に着床し胎盤という連絡器官を通じ、母から栄養をもらう。その連絡器官の痕跡が残っているのだ。その大きさや深さなどで胎児がどれ位の大きさまで子宮内にいたのか推定できる。

結論として合計二一頭の胎児が流産したと子宮は告げていた。この時の調査から、キツネの世界では受胎頭数と分娩《ぶんべん》数の間にはかなり差があることが分かった。要は流産は珍しくないというのだ。

六頭が子どもを産まない原因が空のドラム缶であることは、少しキツネを知る者なら想像できた。

神様の言うストレスが流産を引き起こすという言に、私は久しぶりに学生の気分となり病態生理学等の本を引っ張り出していたのである。

次の年から、私はこの時期（キツネを殺処分する時期）少しでも時間ができたら養狐

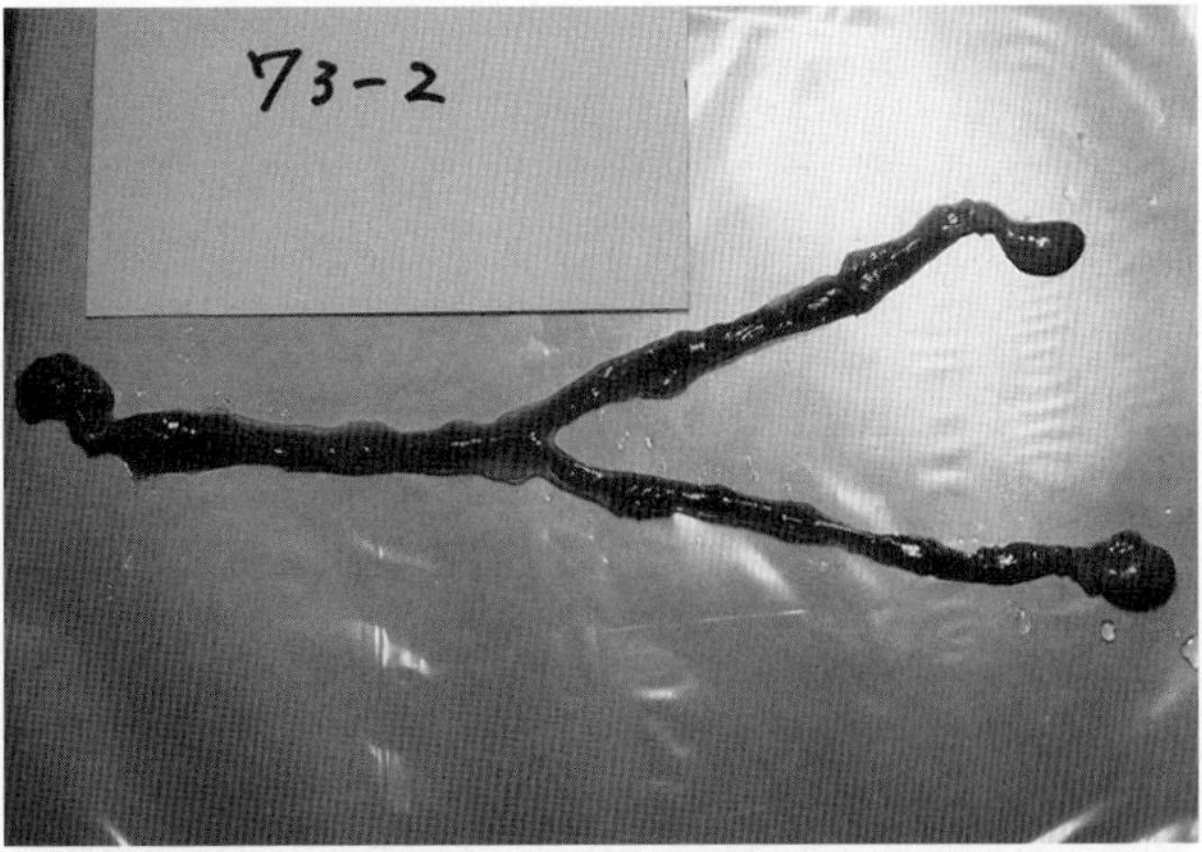

胎児の着床痕を残すキツネの子宮

場へ出かけた。

そして子宮の剖検に熱中した。久しぶりの学生気分である。

面白かった。二年間で六一頭。そして分かったこと。

キツネは思った以上に流産または受精胚《じゅせいはい》の再吸収があるという事実だった。

子宮に着床した胎児（受精卵）の数は平均六・五頭、現実に分娩された子どもの数は三・五頭であった。ほぼ半分の数の胎児が妊娠期間中に流産または胚の再吸収で消滅したことになる。

例外的に着床頭数と分娩頭数が同じというのがあったが、それはわずか一例であった。

神様はストレスが原因であると言ったが追跡、実験するには毛皮生産の現場ではほぼ不可能だった。剖検は二年で終わった。

が私はSさんの意見には賛成であった。妊娠中の精神の安定はどんな生き物にも最重要であると思っていたからだ。

久しぶりの学生の気分は悪くなかった。

が、神様の職場ではほんの少し努力が必要だった。

同じ釜の飯を食うという約束である。

私にとっては別に面倒なことではない。飯でも酒でも一緒にという気分はいつもあった。

唯その時に決まって焼肉をする。それもいい。肉は好きであった。

でも材料について多少問題があった。肉がキツネのそれであった。毛皮をはいだ残りを食べるという。供養だというのだ。

これには最初勇気がいった。長年、キツネの調査をしている。お百姓さんたちからから常々「あの先生はキツネに憑《つ》かれている」と噂されていたし、友々からは「あいつはキツネに惚《ほ》れている」と笑われていた。

その相手を食べるというのだ。カミさんをはじめ子どもたち、そして友々も猛反対の合唱。

でも食べた。キツネの生命《いのち》が体に入ったと妙に感動した。

なにかこれでやっとキツネ研究者の仲間入りが出来たような気分になったのだからおかしい。

味は？　美味しかったと言っておこう。

キツネの神様は時々やってきて名言を残していった。

毎年二月。「恋病《こいわずらい》が始まりました」が挨拶の枕詞《まくらことば》となった。

雌キツネがいとしい（神様が言ったとおりに書くとこうなる）雄を想って、食べ物が喉を通らなくなる……と言うのだ。

事実、交尾前ほぼ一〇日間雌キツネは絶食する。餌となるものがあっても、それに自分の尿をかけ、そのまま去っていく。

私はそれが始まるとその個体の交尾の日を推測する。

原因については、科学は、増加する性ホルモンによって腸管の麻痺《まひ》が起こることによると容易に説明するのだが、この「恋病」という言葉にひとくくりされる言い方の方がずっといいと思ってしまうのだ。

Sさんとの会話はいつも楽しい。

ある年の春、キツネの神様がやってきてタヌキの子をポケットから取り出した。

親の乱気で皆殺され、これが残っていたというのだ。乱気という言い方もいいと思った。

　分娩前後、妊娠中の生き物たちの精神は非常に不安定になる。そのためかこの手の事故はほとんど分娩直後から二四時間以内に起こっている。

　この精神の混乱をSさんは乱気といった。

　自分の産んだ子を全部食べてぐっすり眠り込む母親を診たことがある。立ち会ったSさんは、心配なので自分の腹の中へ入れてしまうのだと表現した。

　そのタヌキの母親も、分娩直後のささやかな異変に過剰に反応し次々に、Sさん流の表現によれば「腹の中にもどした」のらしい。

　なぜその子が一頭だけ残ったのか理由は分からないまま私の部屋で入院という

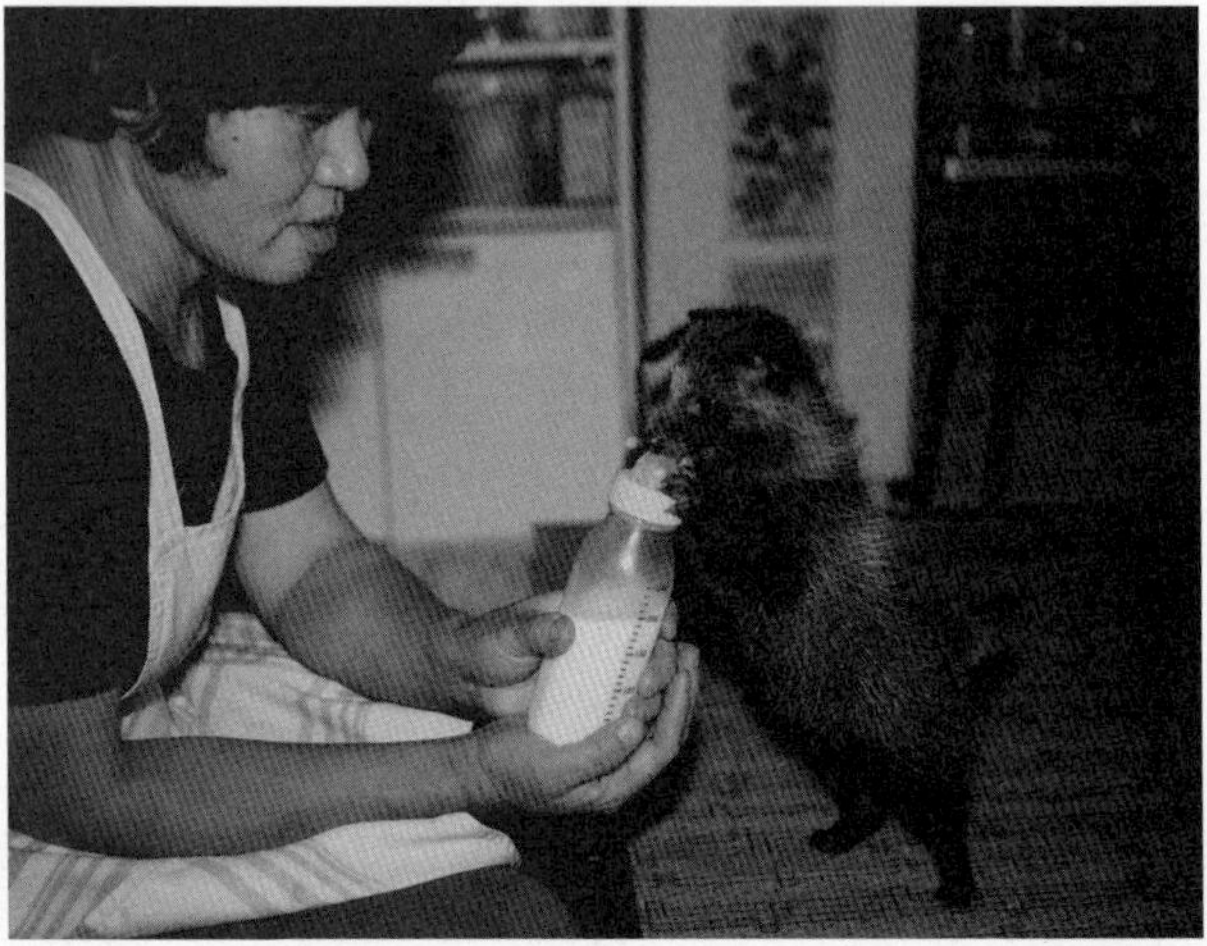

ポンとカミさん

居候が始まった。名はポンといった。末娘の持つタヌキの絵本から勝手に借りてつけた。

夏が終わる頃、Sさんが立ち寄ってポンと遊んでいた。そして倉庫を出る時ポツリと一言。

「タヌキは酒が好きです」と言って帰っていった。


秋。ポンは私の体形にどんどん似てきた。

来るべき冬に身構えているのだ。

そんな時、埼玉に住む友からタヌキの置物が送られてきた。ベランダが淋しいから、そこに置けと言う。それはウソだと私は思っている。お前の体形はこんな形になりつつあると警告を試みているのだろう。

信楽焼《しがらきやき》の置物である。

ベランダに鎮座するその置物をながめていると急にキツネの神様の言が思い出された。

「タヌキは酒が好きです」

そこでポンに酒を飲ませてみることにする。

この手の実験は我が家の住人たちには不評である。可哀想《かわいそう》だと。そこで私ひとりの夜を選んだ。

ポンは、入院室と勝手に呼ぶ私の仕事部屋を自由気ままに使っている。

そこで部屋の真ん中に一升瓶を立て、そこにあぐらをかいて飲むことにした。ポンは決まって私のそばにやってくる。遊んで欲しいからだ。

だが私は忙し気にする。注視すると相手は身構えるからだ。不満顔、フィフィと特有のあまえ声を発しながら私の周りを回っている。

そこで小皿をとり出し、酒をついで置いた。

ポンはすぐ鼻をつけ、つけ過ぎてあわてて後ずさりした。酒をふり落とそうと顔を左右に激しく振ったが、舌でそれをなめた方が早いと気づいたようだ。

ペロペロと鼻をなめて終える。そして小皿の方へ。

今度は最初からなめている。ペロペロと舌でなめているのだ。

ポンは皿の酒をなめるようにして飲んだのである。そして要求した。もっとつげ……と。

神様の言う通りであった。

次の夜、今度は本格的に準備した。

小皿を五枚である。

それぞれ清酒、焼酎、ワイン、ビール、ウイスキーを注ぐ。

ポンは前夜のことが思い出されたのか張り切っている。部屋を走り回っていた。

今夜はカミさんも子どもたちも皆参加の勉強会なのだった。

結論。タヌキは清酒が好きである。アルコールが好きなのではない。焼酎、ウイスキーは見向きもしなかった。ビールも匂いをかいだだけ。ワインはほんの少々。

これが実験の成果だった。

信楽焼の作者はそれをどこで知ったのだろう。時々タヌキの剝製や置物にトックリを持ったものを見ることがある。

いずれも日本酒である。ビールビンを持ったタヌキの剝製や置物を私はまだ見たことがない。

先人たちは我々よりずっと自然を見つ

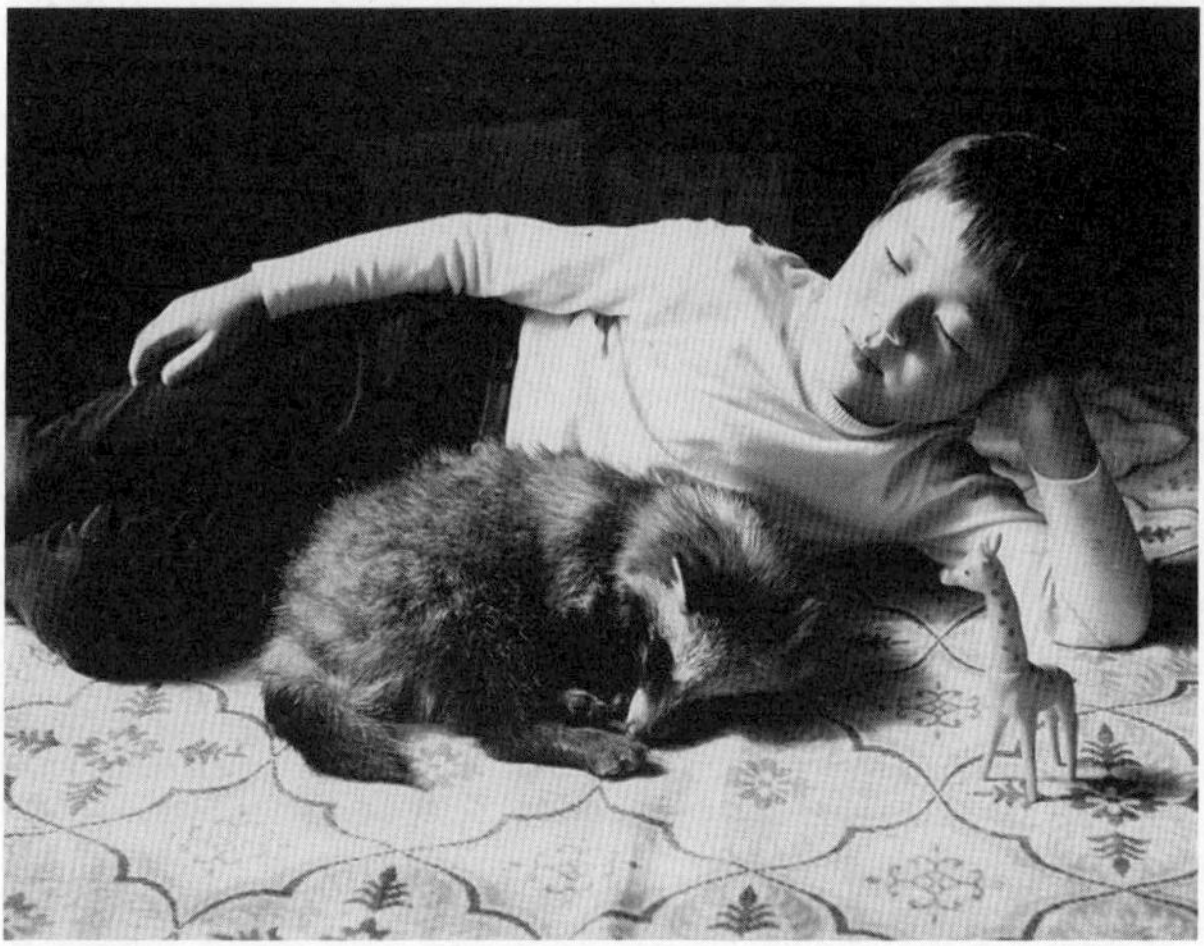

ポンと長男

めていたらしいことを知るのである。

　タヌキと酒を飲むのが楽しくなっていた。

　ポンも夕方になるとソワソワとなった。

　カミさんはポンにアルコール依存症の気があると言い出した。

　私はタヌキが酒に酔うことを知る。パターンとして最初は陽気になった。あぐらをかく私のひざの上に乗ったり、後ろからそっとしのび寄って私の上着をかんで引っ張る。私がそれに反応するとま

ポンとウイスキー。これは好きではありません

すます熱中。最後はウッウッとうなりながら何度も何度もひっぱり合いを要求した。

その内に歩行が不安定に。よく見ると千鳥足なのである。やがてヨロヨロとし最後は何かにぶつかってそこで座り込む。

そして眠る。

時々突然部屋のすみに走っていって吐いている。嘔吐《おうと》しているのである。

次の日、起き出すと不機嫌であった。

二日酔いらしい。

カミさんに言わせれば「お父さん、そっくり」となるのであった。

キツネもタヌキも隣人であり友である。

ポンと私

第八章

ノネコの住む牧場

田村敬一《たむらけいいち》さんは季節の変わり目、決まって大量の野菜を運んできた。我が家は野菜をほとんど買ったことがなかった。その田村さんの牧場はフルトイ（古樋）にある。フルトイは古名で、その名のとおりゆるやかに続く丘陵地が田村さんの家の裏で断崖となって湖の岸辺の湿原へくずれ落ちている。

若い頃、近代酪農の先進地、根釧《こんせん》地方で学び、父が始めたフルトイの地で酪農業を継いだ、いわば生粋《きっすい》の酪農人といえた。

田村さん一家は生き物が好きだった。大好きといえた。

乳牛はほとんどが立派な血統を持つ。

導入されたアメリカやヨーロッパの地から名前持参でやってきた。それが代々血統書となって一頭一頭の牛についてまわる。

○○の太郎兵衛さんというものでなく、立派な横文字、英名である。

そのためか、私がこの地に就職した一九六〇年代でも自分の飼っている牛の名をすらすらと言える人はいなかった。ほとんどが渾名《あだな》であった。それも自分の飼育している牛全頭に付いているわけでなく、いわば代表的に特徴を持つ牛にのみ存在するといったところだった。

だから牛舎から離れると「あのシロの隣の隣のやつ」とか、クセワルの手前のやつといって説明をする。ちなみにクセワルとは、知らない人が近づくと決まってみごとなタイミングで相手を蹴り飛ばす癖を持つ牛に付けられた渾名である。私も何度かその牛には痛い目に遭っていた。

田村さんの所もそれは同じであった。違うのは飼育している牛全頭に渾名ではあるが名が付いている点である。それも見た瞬間に言えた。

それだけではない。

牛舎に遊びに来るキツネやカラス、キジバトにすら名が付いていたふしがあった。驚くのは牛舎で生活する猫全てにも名のあることであった。半端な数ではない。十数匹、時として二〇近い数である。

それにほとんど名が付いているのだった。

ついでに言えば田村さんの牛舎の住人ネコは野良猫ではない。と言って飼い猫ともちょっといい難い。正確にはノネコ（野猫）と言うのが正しいと思う。

牛舎に住むのは、寒さの厳しい北の地では暖房つきであるということが第一の理由かと思われる。

牛舎の中はそこに飼われる牛群の体温だけで十分に暖かい。たとえ外が氷点下二〇度であろうとも中は少し動けば汗が出る程だ。寒さの苦手なネコにとって、そこは天国になる。

どうしても寒い夜半は、丸くなって眠る生まれて一ヶ月もたたない子牛の腹の下にもぐり込めばいい。特に鼠蹊部《そけいぶ》といわれるもの付け根は大好きであった。親牛だとそれを嫌うが子牛はかえって淋しくないと思うのか気にかける様子を見せない。

冬の寒い朝、そっと牛舎をのぞき込むと、生まれて間もない子牛の腹に体をつけるように眠る猫の集団を見て、一日の元気をもらうことがあった。

猫たちにとってはもうひとつ理由がある。

牛舎は食糧庫であるということ、しかもそこは狩場であるというのも大きな魅力らしい。

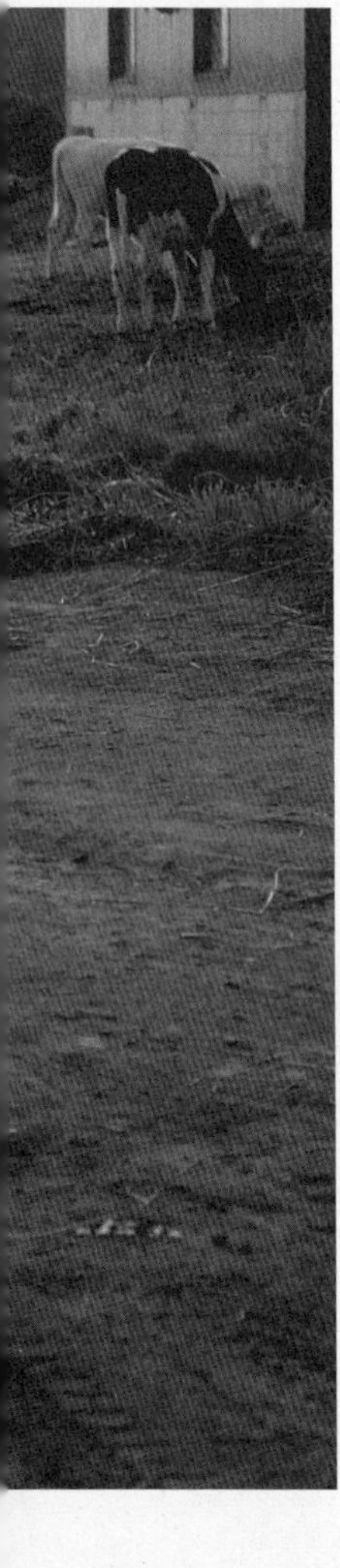

朝の日課、両者のにらみ合い

狩りは野生にとっては遊びである。あんな面白いものはない。しかも結果として食べ物が手に入るのである。ここに住まないでなんとするといったところでないか、と私は勝手に思っている。

事実、牛舎は狩りの獲物であるネズミたちにとっても食糧庫である。配合飼料としてトウモロコシ、大豆粕、そして小麦等が、しかも蛋白質《たんぱくしつ》も必要でしょうと魚粕も加えたものがふんだんに給与される。

おこぼれをとイエネズミだけでなく周辺からノネズミも参集している。

その上、スズメやムクドリ、キジバト、ついでにドバトまでが集合する。

野生を残したまま人間のそばで生活を始めた猫たちにとってそこはまさに天国といえた。

人間に食べ物をもらえなくても生きていけるのである。しかも遊びながらである。

野生は自由を第一義とする。

田村さんの猫たちは自由そのものだった。それは動物に対する田村さんの気持ちそのものの結果であると私はいつも思っていた。

対等なのである。

田村さんの牛舎から直線にしてほぼ三〇メートルの所にキツネの巣がある。

一九六三年、私がキツネの調査を始めて以来、今日まで半世紀ほぼ毎年使われている。ほぼと言ったのはその巣で子育てをしない年はあっても、一族（キツネは向こう三軒両隣はほとんど血縁者）郎党の緊急時集合にて会議？　する場としては毎年使われていたからである。

いろんな家族の形態を見せてもらった。

近かったせいで当然のごとくキツネは牛群とよく遊んだ。兄弟から置いてけぼりをくらった子ギツネが横になって休む牛の尻尾で、二時間も遊んでもらったことを私は知っている。

巣穴が近いということは当然キツネは牛舎に遊びに来るということを意味した。

そこで牛舎の先住者と張り合うことがある。お互いにぎょっとするもそれ以上のことにはならない。

ところがこと食べ物を真ん中にするとそうはいかない。

ある年、牛舎の猫の数が急に増えた。理由はよく分からないが、田村のお母さんの話によると流れ者が合流したのだという。どこからか一群がやってきて、それが刺激になったのか元々の群れに適齢期のものが多かったのか、その年子猫が次々と誕生した。

そこでやさしいお母さんが少し自分たちの食べ残したものに、牛舎で生産する牛乳を足して、与えるようになった。

そうなると今まで分からなかったことが見えてくる。ネコの集団にも上下の関係が立派に存在するということ、ボス的な最高位は雌であること、順位の低い雌ネコは子どもを産む時はどこかにかくれて産み、ある程度大きくならないと子猫を集団のなかには連れてこないことなどである。

田村のお母さんの話は面白かったし、勉強になった。本来ならば私はすぐにその世界に首を突っ込むのに、その時はそうはならなかった。理由は当時私はキツネに夢中だったからである。

お母さんのやさしさが給餌という形で登場すると「待ってました」といったのは猫だけではなかった。

キツネが応じたのである。

キツネの学習能力は高い。お母さんが何時に目覚めるか、それをいち早く知る。どうやら居間の電灯がつくことで知るらしい。そこでその一〇分位前から玄関わきにある脚立の上で出てくるのを待つ。お出迎えである。学習は学習を呼ぶ。猫たちが全く同じ行動をとり始めたのである。

ひょっとすると猫の方が先だったのかもしれないと今になって考える程、ほぼ同じ時期にそのお出迎え行動は始まっている。

朝のお出迎え行動とそのあとの展開が面白くてよく通った。

田村さんの猫集団のボスは三毛《みけ》の体毛を持つ。三毛は外来の種が主流を示し始めた七〇年代から急速にその姿を消し始めていたので余計に記憶に残っている。猫たちにとってはキツネは大きい。その動作、武器である牙となかなかの手強《てごわ》い相手。そこでと武器は数であると思ったふしがあって、何かといえば集団化した。群れで動く。その時になって決まって危うい場面に登場するのが三毛。ボスである。

彼女はそんなに体は大きくない。むしろ小さいといった方がよかった。だが気性が激しかった。その荒々しさにキツネたちも一目置いた。

多くはにらみ合っても最後はキツネの勝ちとなるのだったが、時には猫軍団が勝利することもあった。その時、決まって体を張ったのは三毛であった。

ある年、二月であった。外は寒く日中でもプラスとはならない外気温の中で、人々は背を丸くして寒気の通り過ぎるのを待つ日々だった。

フルトイの集落で診療していたら、帰りに立ち寄ってほしいと連絡をもらった。

田村さんのお母さんからだった。

またキツネに会えるかもしれないと二つ返事で出かけた。

どの牛？　と待っていたお母さんに牛舎をのぞき込んで問うに、「これ」と言ってかかえた毛糸の帽子の中を見せる。

「牛ではない、何なの」と私はのぞき込む。子猫が一匹丸くなっていた。腹部の動きが生きていると主張していたが、体を少し持ち上げても反応はなかった。

「獣医さん、だめですかネ」とお母さん。

とにもかくにも応急の処置。その間にどうしてこの子がここにいるのかの顚末が語られた。

朝牛舎へ行くと猫たちの様子が少しおかしい。どこがおかしいのか分からないが……と続けた。

いつもだとストーブに火を入れ、あついお茶を飲んでから作業になるのをその朝は火も入れず牛舎を一回りしたという。

そして数日前に生まれた子牛の入るケージの中で丸くなって動かない子猫を発見。抱き上げてもだらりとして動かず死んでいると思った。

でも体温はあったので私を呼んだのだそうだ。

「圧《お》しつぶされたんです」とつけ加える。

「………」

無言の私にお母さんは子牛のケージを指し「寝相が悪いから」と続けた。

私はやっと事情がのみ込めたのである。

例によって寒い夜、子牛の腹の下、特に乳房のあるももの付け根の部分が好きな子猫が寝返りをうつ子牛の動きについていけず、ついついその下敷きになったことは容易に想像できた。

普通だと相手が子牛だからそれ程の重量もないし、苦しかったら、大声をあげてもがけば子牛の方も気づいて対応をしたに違いなかった。

だがきっと不幸が重なったのだろう。夢の途中であった子牛、反応のにぶかった子猫等、考えれば理由はいくらでもありそうだった。

「そうか、圧死か」と声になりそうになって私はあわてて口を押さえた。

まだ生きている……、のであった。

田村のお母さんのやさしい作業が始まった。

猫と田村のお母さん

湯タンポ、ダンボール箱を用意する。田村さんが戦時の昔からかぶっていた航空兵が愛用した毛皮のついた帽子を引っ張り出し、それを一緒に箱の中へ。

子猫を帽子の中に入れると立派な入院室、入院ベッドの完成である。

私は牛舎の周辺でのキツネと猫の物語が面白くて朝夕通った。

子猫についていえば、薬石効有り？　とはとてもいい難く、一進一退というところで患者はいまだ夢の中といったところであった。

「だめでしょうかネェ」と言うお母さんに「まあ、もう少し」と返事にもならない言葉をはいて私は処置を続けたのである。

四日目の朝。少し早目に出かけた。

少し変化があった方がいいと思っていたからだ。他の猫になめてもらおうと考えていた。あの猫特有のザラザラとした舌の刺激が、この夢心地を続ける患者には必要と考えたからだ。

ところがそれがとんでもなく難しいことだと知った。

牛舎の猫はまず人に抱かれたことがほとんどなかった。さわることが出来ないのだった。これでは看護役を選べない。

まさに自由な生き物といえた。

かといって子猫を猫の集まる場所に置くとすぐにどこかに運ばれ、かくされる心配があった。行方不明になるかもといったのは田村さん。

私のささやかな実験は採用されずに終わった。

その日の夕方、お母さんから電話。

「少し自分で動き始めた」と言う。

出かけてみると夢見る子猫から卒業していた。変わらず帽子のベッドの中であったが、のぞき込む私の顔を見上げている。

ベッドと一緒に抱き上げたお母さんが人差し指で喉をなぜるとグルグルと音をたてた。

「心配ないかな?」とつぶやき、一度仲間である猫たちのいる牛舎に連れていくことにする。

帽子に入れられ田村のお母さんに抱かれて四日ぶりの里帰りであった。

猫たちはやってきた私たちというより私を警戒して、牛舎の柵の上の方に集まっている。

お母さんが「それ、みんないるよ」と帽子を大きく広げた。

子猫はゆっくりと首を上げた。

柵の上から猫たちの目。そしてすぐそばのお母さんの顔。

子猫は交互にそれを見る。

柵の上。そしてお母さん、何度目かであった。

突然、まさに突然であった。

子猫はお母さんの顔を見て「フー」とうなった。そして口をかっとあけた。毛が逆立っていた。無理はなかった。生まれて初めて人間に抱かれていることに気づいたのである。

バーンと音をたてた。すぐそばの机の上に跳びおりたのである。そして消えた。幾重にも積んだ空の飼料袋の中に消えたのである。

まるで見てはいけないものを見てしまったといった表情であり行動であった。

お母さんの持つ帽子に野生の気配を残してその子は消えた。

お母さんの淋し気な顔が残っていた。


二年後、秋の夕。

電話があって出かけた。田村さんだった。

牛舎の前でお母さんが待っていた。両手に抱かれた一匹の猫。

あの猫であった。発見した時はもう何も分からない状態だったと言った。

私にもなす術《すべ》は何もなかった。

「この子は私に二度抱かれた猫です」と涙ぐむお母さんが黄昏《たそがれ》の中に立っていた。

第九章

写真家にならなかった男がいる

生きているということは
誰かに借りをつくること
生きてゆくということは
その借りを返してゆくこと

永六輔さんの言葉である（『生きているということは』）。
私は永さんには借りをかりっぱなしで、何ひとつ返さぬまま彼岸に旅立たれてしまい、途方に暮れている。生前その言葉に背中を押されるように始めた倉庫の運営が、時として若者を迷わすと分かって私は時々おろおろする。

ある年の春、往診先に電話。カミさんからだ。お巡りさんがやってきたと言った。帰って聞くに少年が来てないかというのだそうだ。埼玉の子だと言った。来ていませんと答えると、これも仕事ですからと二間しかない小さな住宅をなめるよ六〇年安保の残滓がまだ色濃くこの北の地を徘徊《はいかい》していた時代である。

家出少年が我が家に立ち寄るのは一番困ると考えた人たちがいたらしい。仕方のないことだとあきらめるもカミさんには可哀想なことだった。

それにしても見ず知らずの少年が家出をしたらどうして我が家なのかと署まで出かけて聞くに、彼はノートのどこかのすみに北海道の我が家に行きたいとメモしていたのだという。

後日談がある。

少年は二日後我が家にやってきた。

私はどなった。「どこに行くなんぞのメモを残すな。家出だろう。行き先を残す家出なんかがあるか！」と。

彼はそれから四日間、往診について回り、毎日私の車を洗った。そして帰っていった。

家出とはこんなものだと知ったのだろう。

なぜかその前後、その手の家出人が続いていた。世の中の親たちを心配させる張本人が北の片田舎にいるなんて誰も知らない。

そんな日、一人の少年がやってきた。

またかいなと連絡を受けて私は少々身構えたが、知り合いの人の子どもだった。

名を藤本信治《ふじもとしんじ》という。

まだ中学生。道北の網元の息子である。中学生といっても礼儀は正しい。漁師といっても網元ともなれば文化人である。この地方で本を一番持っているのは医者か網元であり、日本酒の味、料理について一家言を持つのも網元であり、医者である……と言われてきた。

その息子である。礼儀をわきまえているのは当たり前。

泊めてほしいと言うので、私たちは喜んで世話をしようと考えた。いつも世話になっている親に対するお礼という気持ちがあった。

夕食時、彼は相談があるといって、正座した。

身構える私に向かって「写真家になりたい」と言う。

この時は困った。どう応えたらいいのか、どぎまぎするばかりであった。

それまでは獣医師になりたい、学校の先生になりたい、生物学者になりたいと言われても、比較的近間に手本となる人物がいる。いるというよりゴロゴロしていた。

そのため、ああそれなら△△君を呼んでみるかねと、まるで参考書を開くように、電話をかければよかった。

だが、写真家というのは遠い。ほとんどが当時東京に住んでいた。道内にいても都市部だ。今夜呼ぶには遠すぎた。皆、遠いなとつぶやく。

ところが当の藤本君は、目の前のビールで少し赤くなっているのが写真家だと思っているらしい。

それに気づいて私は思わずチガウ違う、と手を左右にぶち振っていたのだった。

当時平凡社から出た自然誌「アニマ」が話題を呼んで私も時々写真や文を発表したりしていたし、少しお金が入ったので思い切って道北のトドを調べたいとセスナなんぞをチャーターして調査、撮影をしたりとずいぶん不相応なことをやっていたので、写真家は収入がいいと誤解されたのだろうと思う。

その時の主な調査撮影地点が藤本君の家の前に広がるオホーツクの海だった。しかもトド岩といって彼の家から三〇〇メートル位の沖合にある岩礁周辺だったから、なおさらであった。

頭の上をセスナが飛びそれに乗った男が写真

オホーツク海の“トド岩”に上陸したトドたち

を撮っている。セスナのチャーター料は少年にもどれ位か見当はつく。それが支払える。写真も悪くない……と思ったかどうかは知らないが、自分の将来の職業として、ひとつあってもいいかなあと考えたとしても彼を責めるわけにはいくまい。

唯跡取りとして考えているであろうお父さんのことを考えるとこれは……と私は座り直した。

勝手に言わせてもらえば彼は四代目の網元を継ぐことになる。石川県内灘《うちなだ》の出身で三代目の隆治さんは、漁業は獲るということから育てるという世界に変わらなくてはならないだろうと考えると聞く。真っ当な考え方である。その息子なのだ。

セスナから撮影したトドの群れ

そうやすやすと写真家なんぞにしてはならないとこれも勝手に決めた。

写真家は金がかかると言おうとしたが、これは迫力が足りない。網元である。金はなんとか……と言いそうな気がする。長期間取材しても売れるとはかぎらない。自分でセールスをしなくてはならない。自分で自分の写真に値段をつけるのだ。これはしんどい。しかも相手は多くが東京に住む。しかも東京は物価が高い。部屋代だってバカにならない……等々並べようとしたがどうにもいけない。

自分がこんなアホなことに熱中していたのかと、我が身の反省の方が深刻で胸を刺す。なんともしまらない夜になりそうだった。

唯、彼は私みたいな生き方をしたいらしいと途中で気づいたのでそこに話を持ち込む。

俺は獣医をやっている。そして写真も撮っている。二足の草鞋《わらじ》、いや時々物書きとして原稿料をもらっているから、三足……いや講演もやるから四足……とだんだん増えて要は百足《むかで》みたいな生き物の真似をしているのかもしれない。百足だと一、二本足が切れても折れても生活にはほとんど関係ない。あれがいい、百足だムカデ。

ところでお前さんは漁師の子だ。漁師をやりながら写真を撮る。これはいい。売れなければ売ってやらないと言えばいい。誰も撮ってないような写真ならその内値がつく。それまでは魚を獲って食ってゆけばいい。そしてその内経験したことがたまれば文を書く。漁師で物書きなんてやつはまだいない。なあ少年、これでゆこう……と分かったようで分からない話でその夜は終わった。

彼は帰っていった。


彼がどう考えたのかは分からないが、稚内《わっかない》の進学校へ進んだ。次は大学だと我が家は応援の気持ちを伝えた。そして予定通りとなった。

東京水産大学（現・東京海洋大学）の漁業生産科である。

父の意志を継いで魚はつくるもの、育てるものの世界にどっぷり、在学中はカレイの育苗に強く興味を持ったという。人工的な施設の中で卵から稚魚、そして放流出来る大きさまで育てるといった、いわばカレイをサケやマスのように栽培しようというのだ。

面白いと喝采を送った。

そんなある日、倉庫の常連となっていた東京シネマ新社の谷口、草間の両君がやってきた。猿払《さるふつ》からの帰りだという。

サルフツといえば藤本君の住む村だ。

私が言おうとするのを遮って「彼は面白いことをやっています」と報告。

聞くに学生なのに家でもう大掛かりなことをやっているという。

サルフツの南、北見枝幸《きたみえさし》（枝幸町）という町の海に大きな生簀《いけす》をしずめ、その中に脱皮間もないケガニを放ち、給餌を続ける実験だというのだ。

二人は映像カメラマンである。その生簀内の様子をカメラで常時観察出来ないかとの相談を受けての来道であった。

脱皮間もないカニは外皮が軟らかく商品にはならない。しかし、海の底に設置した生簀の中だと給餌を受ければごく普通に育つのである。

やがて商品にと彼は考えたのである。

聞くと藤本君のお父さんがすでにその計画を持っていて、自論の実現のために6×6×2メートルのプラスチックワイヤー製の生簀を二二基持っていた。

それの運用を始めたのである。

脱皮直後のケガニの価値がどれほどのものか。それが元の硬い外皮を持つカニに変身し、商品として通用すると想像すればその先見性に私たちは唯々脱帽沈思するしかない。

生簀の中にスチールカメラを入れているというからまだ夢は続いているらしい。

一九八七年、無事大学を卒業、同時に同地に活魚センターを設立する。同年一〇月、会社とし、彼の在学中からの夢、魚はつくり育てるものといった海底牧場を始めた。

こんなものが今旬ですと、私は時々おいしいケガニやホタテ、カレイ等をごちそうになる。

ある年の一一月。

藤本君は勉強会の帰りだと言って一夜酒を飲んでいった。

勉強会は別海《べつかい》の大橋勝彦《おおはしかつひこ》さんの所だという。ドナルドソンの研究会だそうだ。ドナルドソンというのは米国人ドナルド博士が始めた種の改良システムで、今でも選抜淘汰《とうた》をくり返して目的とする魚体を得ようとしている。ソンというのは鱒《ます》の音読みであると聞いている。

大橋さんは私の関係する河川の水質悪化を防ぐための研究会メンバーであった。彼がやろうとしているドナルドソンの育成には大量の良質な水が必要である。そのために、いかに河川の水質を安定させるかは痛切な問題であった。

藤本君もまた、海底牧場を安定化させるために生簀を陸上に移す必要があった。そのためにいかに海水質を良好な状態で保つかが一番の関心事となっていた。浄化機能を持ったシステムを導入する必要があった。そんな意味に於いて私たちは研究会で顔を合わせていた。

東京から内水護博士を呼んで内水理論の海水適応の実験を始めていた頃でもある。まだまだ勉強が続くなあとその夜は久しぶりに深酒となった。

彼は我が家の祝い事には決まって馳《は》せ参じた。

出版記念会、写真展のオープニング、そしてオホーツク村の村祭りや内々の小さな祝い事にも。

一時期大型のコンテナーを積んだトラックでやってきた。コンテナーは水槽になっている。何ヶ所かに小窓があり、中で泳ぐ魚体が見られる。「あれにしようかな」とつぶやくと彼はそれを網で取り出し目の前で料理をするのである。

これ以上の贅沢《ぜいたく》があろうか、と時々つぶやいている。

所用で我が家の近くを通ることがあれば、時々旬のものを持参、料理をつくって帰っていった。

彼は現在6×6メートルの活魚槽を一二基陸上に設置、商品である魚や貝などの鮮度を保つために海水氷をつくっている。それも研究を重ねて他の所にないものを開発。隣接するその製氷施設群を見

料理をする藤本信治君

るとそれはもう工場だった。

彼は魚をつくり育てる工場の運営者なのである。

マリン・エコラベル・ジャパンの認証も受けて藤本漁業部の社長さんとなる。

年商二億をはるかに超える海洋生産者である。

四代目の網元になるのもすぐ目の前だ。

止まれ!! 私は藤本信治君の成長物語を書こうとしているのではない。

今でも時々思い出し胸を痛くする。

そのことを書こうとしたつもりである。

あの中学時代の一夜、一介の獣医師が勝手に決めた進路の修正が正しかったのかと。

あれ程の研究心、努力、智力を彼が夢見た写真の世界へ傾注邁進《まいしん》させていたら……と思ってしまう。

ひょっとしたら、ひょっとしたら……と考え込むことがある。

その都度、あれでよかったのかと。


今の写真界をながめているとあれはあれでよかったのだと思うことにしている。少し淋しく悲しい。

第十章

私をキツネ憑きにした男

何が人生を決めるのかは分からない。私は酒の上の法螺《ほら》がそれであった。

倉庫に出入りする人のなかに、そこを北の梁山泊《りょうざんぱく》と呼んだ人が出た。出版社の編集者であった。集まる人間の顔ぶれから納得する者が出てそれが定着し始めた頃の話である。

ある夕、二人の男がやってきた。

偉丈夫《いじょうふ》とはこんな男のために用意された言葉だろうと思われる大男。もうひとりは小さい人と感じてしまった。

大男は北口誠之《きたぐちせいし》さん、撮影部のカメラマン。もうひとりが中雄一《なかゆういち》さん、ディレクターと呼ばれた人物である。少しも小さい人ではないのに北口さんが大き過ぎて私の目がそう思い込んだだけだった。

その時はＮＨＫの『自然のアルバム』班？に所属していると勝手に思った。そんな班があるかどうかは全く知らない時代の話だが、自然のありように関する情報の取材であったかと思う。

当時、私はまだオジロワシの生態調査に夢中だったので、ワシを中心とする鳥の話でその日は終わったと記憶する。

夜、酒となった。

私の悪いくせで酒が体内に入ると全てが少し大仰になる。ウソではないのだが法螺が混入する。酒の量によって限りなくウソに近くなると言ったのは我が家のカミさん。

その夜もそうなった。

「キツネにしなさい。あんな面白い動物はいません」となったのである。

もう法螺を卒業してウソに近くなっていた。なぜなら当時まだキツネについてはほとんど知らなかった。そんな言葉の出ること自体が驚きである。しかもその極め付きは「キツネならウジャウジャいる」と言ったそうである。……分かったのは後日の話で、私は酒の上のことは全て忘れることにしていたから恐ろしい。

二週間余り経った夜半、電話があった。

中さんである。少し酔っていると感じられた。用心しなくてはと自分に言い聞かせた。少し酔った時の方が鋭いと北口さんから聞いていたし、彼は全てを憶《おぼ》えているとおどした。

「そのうちキツネをやりたい」と言う。

「ほう、キツネですか」とボソボソ。「そのうち探しておきましょう」と言うと「あなたが言い始めたことですよ、あんな面白い動物はないと。しかもウジャウジャいると……」と続けた。

私は青くなっていた。

唯救いは「その内にやろうと考えている」という彼の言葉で、私はホッとしたのだった。

以来、面白い……と言ったのなら面白い部分を見なくてはなるまい……といつも心のどこかでささやく声がして落ちつかない。

その内というのは一〇年先かもしれないと考えてはみたが、それ程のんびりとも思えなかったのである。

　そんな年の新年会。チャンスは思わぬところで登場した。

　新年会要員として私は東のはずれの集落に呼ばれていた。

　当時新米の獣医師が出席しても心配ない顔ぶれの人々が多い集落ということである。元気？　のいい集落に顔を出すと解散が次の日の朝ということもあり、出席するのが血の気の多い九州人となると妙

私はキツネの家族を追い続けた

なことになりうると考えての所長の配慮といえた。

関根義雄《せきねよしお》さんがいた。養豚家であった。

ビールを片手にやってきて、「先生は鳥が好きだと聞いてます。鳥はカラス位しか来ませんがキツネなら来ます」「毎日」とつけ加えた。

その毎日というのにひっかかった。中さんとの約束のウジャウジャに少し近いと思った。

そこでそのキツネを紹介？してもらうことにする。会場となった会館から関根さんの豚舎は近い。そこで、と抜け出す。ほんの少し見せてもらうだけでいいと思っていた。中さんに報告することが少しでも出来ればという不純な気持ちがあった。

日は西の丘陵に落ちて北の地の闇がゆっくりと支配し始めていた。

コンコンと呼ぶ関根さんの声、その後分かったことだが、関根さんはキツネを全てコンと名付けていた。

濃い紫色の帳《とばり》が雪面にふれるところにコンはいた。じっと見ていた。私たちというより私を。そして消えた。残った闇が美しかったことを今でも憶えている。

ちゃんと見る……ことにした。

その年、そのキツネの家族を追い続けた。今思うとストーカーであった。そしてやってきた中さんに話すことが楽しくなっていた。

おかしなもので、何にでも熱中するという私の性癖がムクと頭をもちあげ、いつの間にか少し酒が胃の中を通過するとキツネの小さな仕草も語れる程になっていた。それも話すうちに飲むうちにキツネの家族の物語が少しずつ完成されてゆくといった感覚であった。私は少しずつキツネの物語の語り手役が出来るようになっていた。

その年に撮ったコンの子の写真は私の代表作となった。

キツネの話ではない。

「中さん」の話である。

一九七三年、外は雪だったので暮れだったと思う。中さんが取材の途中で立ち寄った。

酒となった。酒は用心しなくてはと思いながらもついついであった。

当時、我が家には病んだり傷ついた野生の動物たち

キツネの子を育ててみた

がゴロゴロとまではゆかなくても、あちこちにいる状態だった。

キツネの子もいた。近くの養狐場からの持ち込みで、特にその中の一頭、フロクが自分は人間だと主張してどの部屋にも顔を出していた。

末娘と一緒だった。兄弟姉妹として育っていたので出入りを禁止することは難しかった。

キツネが走り、時々タヌキも顔を出すといった状態での酒盛りである。いきおいそんな日々の話となった。

そして別れた。別れぎわ「やりますよ」と中さんは言った。少し声が大きかった。編成会議に企画書を出しますと恐ろし気なことを言って帰っていったのだった。

フロクと兄妹のような末娘

私は当分オジロワシをあきらめることにした。もはや完全に時間のないことを悟ったのである。

いやむしろ自分の日常をキツネにシフトした方がずっと楽しいかもしれないと思っていたし、天然記念物というもののしい法にガードされたものを見る限界も知りつつあった。また、そうしないと見られない記念物をとりまく自然がうっとうしくなっていたのかもしれない。反対にどこにでもいる生き物、ごく普通の生き物が逆に新鮮なものに見え始めていた。

ホッとしたい、といった気分でキツネ詣でが本格的となったのである。

「若先生が妙なことを始めた」と顔をしかめたのはお百姓さんたちだった。それくらいあちこちのキツネの巣の前に立っていたというのだ。

キツネの活動は薄暮型、朝夕がその時間帯である。黄昏の頃、藪《やぶ》のかげ……キツネはそんな場所に好んで巣を造る……なんぞにひっそりと立つ人影を見れば誰だって同じことを考える。

狐に憑かれている……と。

ある時、玄関にひとりの男。町内に住むHさんである。私がいない時間帯であった。カミさんに「知り合いに祈禱師《きとうし》がいる。一度ダンナをみてもらいなさい」と言った。

Hさんは酪農家である。心配だったのだ。

自分の大切な牛や馬を狐なんぞに憑かれた男にあずけるわけにはいかないのである。あまり神を信じないようなカミさんであったので私は助かった。

四月、東京に呼ばれた。

その時になって分かったことだが、番組が『自然のアルバム』ではないということ。三夜連続、しかも一回が三〇分の番組であるというのだった。

腰をぬかさないようにと先に少し酒を出されていたので椅子から転げ落ちずにすんだ。私はそれを理由に本当に憑かれたようにキツネのフィールド通いを続けたのだった。

撮影は二月一〇日に始まる。厳冬である。

スタッフは中さんと北口さんの二人だけだった。当時としては珍しかった。録音の技術者が付いていなかった。

キツネは用心深いので少人数で、という私の言が通ったと知ってうれしかった。少なくともテレビの取材でこれ程少ない人数だったのをあとにも先にも私は知らない。

もしうまく行ったとしたらこれがひとつの要因でなかったかと思っている。

取材に使った車はジムニーであった。当時ジープタイプの軽自動車として売り出したばかりでないかと思う。

面白いのはこの車をブラインド（目隠し）の代用として使うこと。畑の中でも山の中でも小型ゆえの利点をフルに生かして活躍した。これも他のクルーとは全く違ってユニークであった。

撮影はほぼ一年間、最も難しいとされた交尾も撮った。終わった時は年が明けていた。のべ七二日間という長期のロケであった。

主題歌というべきものがある。

チロンヌップ。どこにいるの。
チロンヌップ。出ておいで。
チロンヌップ。昔の人は狐のことをそう呼んだ。
チロンヌップ。どこにでもいる生き物。

フォーク歌手のイルカのうたう歌である。

彼女はなんとこの番組のために六曲もの作品を用意した。我が家に関係者が集まり、聴いた日のことが忘れられない。

放送は一九七五年八月二五日〜二七日までの三夜、各二九分であった。一年後の一九七六年五月三日に総集編として三九分に編集し直したものが放送された。我が家の子どもも二人も登場の番組となっていた。

題は「チロンヌップの詩」である。

中さんはその後、次々とＮＨＫの看板番組を作った。

ＮＨＫ特集『地球大紀行』（一～一二集）、
ＮＫＫスペシャル『北極圏』（一～一二集）、
等である。時代は巨人を生んでいた。

私自身は一九七一年三月二二日放送の『けやきの証言』が忘れられない。地球の大規模汚染を季節はずれに葉を落とすケヤキの木に託して静かに語られていて心にしみた。声高に公害問題が語られ、人々が追及に熱をあげていた時、静かにその恐怖を語る中さんの姿勢に今でも胸があつくなる。

『チロンヌップの詩』は賞を取り、北口さんも賞をもらった。

小さなお祝いを東京でやった。

酒の会となった。私はオジロワシにもどらないことを宣言していた。一生キツネ憑きを演じますと言ったのだった。

少し法螺のような気もしたがお祝いである。許してもらった。

一九八六年だったような気がする。

ある夕べ、電話が鳴った。

私が出た。

モシモシという声が少しおかしい。気のない人間がかけているような声だった。気がついて大声となっていた。

外国、それもアフリカ狂いが始まっていた頃の話である。

私のアフリカに違いなかった。

私の大声に反応したセリフ。

「竹田津さんですか。ですよねえ。竹田津さんじゃあないですすネェ」。なんとも分からない電話である。

「ええ、そうです。竹田津ではないタケタヅです」と応えた。

次の言葉。「ウッソー、ウソですよね」ときた。次いで、

「ナカです」と続けた。

「ナカさん、酔っぱらってはだめですよ」といった。電話の向こうでオバケダーと大声で誰かがどなっているのも聞こえる。混線かと思ったがそうではないことはすぐに分かった。

「二時間も探したのですヨ。マラ河を」となった。「どこかに浮いているはずだ」と手分けしたとつけ加える。

どうやらマラ河で私を殺したらしいと想像した。

「ムリです。私は遠い日本にいます」と私はどなっていたのである。

発端はアフリカ、ケニアのマサイマラを流れるマラ河の岸辺に、ビニールにつつまれた私のパスポートが浮いていたことに始まる。発見したのは同行のカメラマンであったという。大騒ぎとなった。

私が河に落ちてどこかに浮いているかもしれないとあちこちを探したのだそうだ。とにもかくにもと中さんはロッジにもどり電話をかけているのだった。

そして対応しているのが当の私である。

大事件が珍事件となるのに二時間以上かかったというのだった。

顚末はこうである。

その年、私がマサイマラのロッジでほとんどのものを失うという盗難にあい、なんとかパスポートを再発行してもらい日本に逃げ帰ったあとのドタバタ劇である。

そんな思い出を語り合う中さんはもういない。中さんも北口さんも一九三七年生まれの同年生である。

うーん、全てが流れてゆく。

第十一章

モズ屋の巌さんの話

二〇一二年三月二五日、島根県津和野《つわの》。

会場の中央部からひとりの上品な御婦人が後方に移動しているのが見えた。それが私を目指していると気づいて腰を浮かせた。

青くなっている自分を感じていた。

巌《がん》さん……正確には彼の名は、小川《おがわ》巌《いわお》という……がやってきたのは倉庫を借りて間もない頃であった。

北海道大学大学院農学研究科、マスター一年生であった。当時私たちが応動と呼んだ農学部応用動物学教室の助教授であった、阿部永《あべひさし》先生に連れられてだった。

阿部先生とはキツネの関係で何度もお会いしている仲であった。

丁度北海道が、キツネが媒介するとされたエキノコックス症で騒然とした時代で、私が本格的にキツネに片足ばかりか両足まで突っ込んでズブズブと深みにはまろうとしていた時であった。

阿部先生は北海道大学教授犬飼哲夫《いぬかいてつお》先生が退職されたあとの北海道の哺乳類学を背負う第一人者と目されていた人で、本来はモグラやノネズミの研究者だったのに、その頃はキツネの分野に駆り出されていたのだった。

一日も早くキツネをなんとかしなくては人類は深刻な時代を迎えるとマスコミは連日書きたてていたのだから仕方がなかった。

そこでと、かけ出しの私にも手伝えと御下命。

その阿部先生の助手としてやってきたのが小川君であった。

当然倉庫が北大の応用動物学教室の分室となったのである。

巌さん……小川君にはこの呼び名が似合う……は年の割りには老けて見えたが、それについてはそれ以上のことは語るまい。だがあれから四〇年以上も経つのに近頃はどんどん若くなって見えるからうらやましい。

その巌さんについて。

信州大学林学科の出である。在学中に京都大学の川那部浩哉《かわなべひろや》教室に勝手？　にもぐり込んで大学院生の部屋に居候（これは本人の告白）、生態学を学んだ後、前記の北海道大学大学院農学研究科の大学院生となった。

その年の冬、だから一二月だったと記憶する。

彼はキツネの研究者ではない。

「何をやるのかネ」と聞いたらモズだと言った。

その年の春、ドイツからやってきた研究者ティデ氏がしばらくいたが、彼はコムクドリと言った。

彼はドイツ語以外はしゃべらず、私は日本語以外はしゃべれない。それでも一ヶ月余りの滞在中お互いに不自由しなかったから恐ろしい。

それで私は「ホウ、モズかね」と言っただけで彼は阿部先生が帰ったあとも倉庫に住み続けた。

時々……と言うより勉《つと》めてまめに八キロメートル離れた市街地の我が家にやってきて食事をしたり、風呂に入って帰っていった。ついでに言うとお酒も少しは飲んで……。お礼にと私に生態学の講義をしていった……ような気がする。

私は獣医学は少し学んだような気がするが、生態学についてはからっきしの素人。以来倉庫を利用する学生たちがお礼にと私の教師となって、てんでんばらばらに教えていったから、私の生態学は本物ではない。生態学モドキといったところだろう。

そんなことはどうでもよろしい。

巌さんのことである。

彼はモズ科の種間関係について調べていると言った。

北海道には夏鳥としてやってくるモズ、アカモズ、それに冬鳥として北から渡ってくるオオモズがいる。チゴモズは見たことがない。

彼はその夏鳥のモズとアカモズの種間の競争、共存の関係を見ようと言うのだ。当然研究のシーズンは春から夏で、秋遅く、モズが南下を始めると彼も一緒に南下をし、冬は埼玉や静岡で観察を続けていたらしい。らしいというのは私は南下中の彼の日常については全く知らないのである。

しかし巌さんは毎年、モズと一緒に北上と南下をくり返す。時として映画撮影なんぞの大仕事があると現場監督として君臨していたから私たち夫婦は卒業出来るのかと少々心配した。

ついでに言えば『キタキツネ物語』の時は忙しい私の代役をいつも務めた。そ

我が家の週末風景

こでポスターに動物助監督として記名を約束した。だがそれは制作会社から却下。私はその約束不履行を時として責められている。

彼の「モズの早贄《はやにえ》」の観察は同行の写真家嶋《しま》田《だ》忠《ただし》氏の労作を生み、「アニマ」の一九七四年の三月号の特集となった。

私はそれを読んでハヤニエのことを少し学び分かった気分となった。そして研究と呼ばれるものの大変さを少

食べないで、木に刺したり挟んだりする習性がある。これをモズのハヤニエという

し理解したのである。

　季節と共に渡ってきては去っていく巌さんであるが、彼の南下の期間にあっては、第四章に登場の鉄仮面の米田政明君やプロローグに登場した城殿博君が倉庫の主たる管理人となって誰ひとり欠けることなく運営されていた。巌さんは彼らより年長であったし最初に倉庫に登場した学生であったことから、その後の学生たちの人選や世話役の代表格をずっと続けていた。事実初代代表と呼ばれていた。

　彼にはその手の資質があるらしく、札幌での住処《すみか》は酒井亭と呼ばれていたが、そこでも七、八人の下宿人の世話役的な地位になり、訪ねてみると面白い人間を集めては酒宴となっている。

　マスター、ドクターの大学院期間が終わり、オーバードクターとなって就職した。道庁である。学位はその内取りますよと言って去っていった。

モズには捕えた獲物をその場で

それと同時にモズの生態についての話題が急に少なくなった。

倉庫の風呂が半分壊れたことから週末、倉庫の住人を我が家に呼ぶようになった。風呂に入れるためである。その夜は私たち家人はお風呂はおあずけとなった。

「あまりにも……」という家族の意見があってシャワーのない時代、私たちががまんした。

酒を用意しささやかなごちそう？　で一週間の努力のご苦労さん会をやろうとしたのである。

酒のこともあり倉庫までの片道八キロメートル、往復をカミさんが車で送り迎えするというサービス付きの週末である。

そこで少しは恩を感じろと私は勝手に彼らを教師と決め、生態学の講義を受けようとたくらんだ。

そこでその週、フィールドで一番面白かったこと、興奮したことを話してもらうよう食事中の話題をリードすることにした。

これは面白かった。勉強になった。そのために用意する質問についていつも考えるという訓練みたいなことが、自分でも出来るようになっていたことに気づいた。

学問の世界にもはやり廃りがあるらしいことに気づいたのも週末の食事の時だった。

生態学の狭間《はざま》に行動学という言葉がチラチラする時代を迎えようとしていた。

ある夕、巌さんがやってきた。久しぶりだった。

道庁の役人である。少しは……と期待したのに相変わらず学生気分であった。

しかし、少し違うと気づいたのはビールが出た時である。彼の持参であるとカミさんが耳元でささやいた。

私は「ほう」といった。さすがはサラリーマンとほめようとしたら、彼の顔が少し違うことに気づいた。

そして少し間を置いて「結婚します」と宣言した。相手のことは聞くまでもなかった。もし結婚するなら彼が以前連れてきた女性だろうと私たち夫婦は考えていた。

夫婦が同じ名を同時に口にした。「恵子さん」。そうであった。

私たちは大喜びであった。彼の両手をとって「おめでとう、今夜は飲もう」と張り切った。

ところがそうはならなかったのである。

彼の口から出た次の言葉。

「仲人をお願いしたい」

急に恩師の顔が思い浮かんだ。

私たちは事情があって結婚式をあげずに北海道へ渡ってきた。そのことを心配してか、可哀想に思ったかで、外科の主任教授であった横沢伝吉《よこざわでんきち》先生が近隣に住む同級生に声をかけて一夕送別の席を用意してくれた。

その席上で「君は（私のことである）やがて北海の地で名士と呼ばれる者の仲間入りをするだろう。それは獣医師だから当然だ。しかし名士となればその内、役目として仲人の大役を何組かは受けなくてはならない立場に立たされる。しかし憶えておきなさい。結婚式もやらずに旅立つ人間にはその大役はふさわしくないかもしれないということを……」

私はその言葉をずっとかみしめてきた。

現実にすでに何組かの話があったが、事情を説明して断ってきていた。

それについては我が家に出入りの人々は皆知っている……はずであった。

「あのなあ……」といって私たち夫婦の事情を説明しようとすると彼は手をふった。

「知っています」というのである。

「それでも私たち二人は勝手に決めています。よろしく」という。

これには困った。本当に困り果てた。

もし引き受けるとそれまで断ってきた人たちになんと言ったらいいのか、またそのあとに続くであろうこの手の事件から逃げようがないではないか。

巌さんは私たちの生き方をも変えそうな、とんでもない男となっていた。負けたのは私たちであった。

結婚式は一九七五年三月一三日、金曜日であった。

会場は札幌の豊平館であった。そこは国の重要文化財で格式が高かった。

そんな場所がよくも……と言ったら彼は笑って答えた。一三日の金曜日です……と。

多くのホテルに一三階がなく、部屋だって一三号室はありませんとなるのと同じ理由。

しかも金曜日ともなるとまずは……と考えた巌さんの作戦勝ちであった。

その時になって巌さんのお父さんのことを知った。

身分は海上保安庁の職員であるが、魚の研究によく使われた昭和天皇の御召艇「はたぐも」の船長であった。

初めての仲人である。

何冊かの本を読み、すべきことはなんとかやってきたつもりであった。あとはこの式さえ終えればというのが正直な気持ちであった。

仲人としての挨拶、これもうまくやれそうだった。

巌さんの主任教授は森樊須先生である。父は森於菟、そしておじいさんはあの森鷗外《おうがい》なのだ。

九州の田舎出の人間にとってはふるえあがるような人である。森樊須先生も阿部永先生も出席となるとますます私がそこに立つのが不釣合いに見えた。

そこで挨拶である。

「……本来なら主任教授の森樊須先生がここに立つべきなのに私なんぞが……」と続けていた。

その時、一番遠い席。そのあたりは倉庫に出入りする人たちの一群が場をしめていた……から男が飛んでくるのが分かった。そんな者のことを気にする必要なんぞと続けていたら、その男近藤誠司《こんどうせいじ》君が私の借りたモーニングのそでをピクピクと引く。なんだという顔をすると耳元でハンスですとつぶやく。何のことか分からないまま最後の部分が近づく。「……重ね重ね森パンツ先生には……」と自分の置かれた立場をくどくどと詫《わ》びた。

するとまた例の近藤君、そでのピコピコ。そして耳元でささやいた。ハンスです……と。

あとで説明を受けて分かったのだが樊須という字はハンスと読むのだと。

ところが……である。

我が家の倉庫にたむろする全ての学生が私にパンツと読むのだと教えたし、日頃、教授の話をする時には教授が言ったとは言わずパンツが申したと言うのだった。

私は鷗外がドイツにあこがれて自分の長男に於菟（オトと読む）とつけたし、孫の名としてこの字を用意したと聞いた。学生たちはそれをハンスとは言わずパンツだと言ったので、なる程、そんな読み方もあるかもと思ってしまったのだった。

全てを知ったのは式が終わって私たちごく少数の人間だけ残った時だった。

私の社会人としての初めての大役はこうして終わった。

ちなみに私の借り物のそでをピコピコ引いてささやいた近藤君とは、後に北大農学部で学生に絶大な人気を持った名物教授の近藤誠司氏である。

二〇一二年の津和野。会場は森鷗外生誕一五〇年記念式典の場。静かに近づく

巌さんの家族。我が娘(左側)は健康的となり、彼は失うものがあった

御婦人は樊須先生の奥方であった。

急にあの日のことが思い出されて私を金縛りにさせて、汗がどっと噴出しているのがわかった。


巌さんとの物語はいつまでも続く。

私はその後、仲人を一〇組もすることになった。

ある時、その若者たちが私たち夫婦の結婚式と披露宴を企画した。私たち夫婦は四人の子どもと共にこの祝い事に出席した。

企画の張本人は巌さんに決まっている。

私の長女が中学を卒業する前年、彼は家を建てた。そこの二階に娘は下宿することになった。小さな町を出て自分の生き方を試したいと思ったらしい。

巌さん夫婦は三年間親代わりとして立派にその責務を果たした。長女は酒の強い子に成長した。


もうひとつ書き加える。巌さんは道庁を早々にあっさり退職し、大学教授となりエコ・ネットワークという環境NPOらしきものを立ち上げ、その代表をつとめている。

第十二章

入院したがる野生がいる

第三倉庫である市街地に建つ私たちの住家は、家出少年が家出人ではなく客人をも軽く卒業して、いつの間にか家族の一員のような顔をして居間に鎮座して時々私を驚かせる。

当然子どもを四人持つ我が家が人であふれ、夜ともなると家鳴りがすると噂されるようになると、人と一緒に持ち込まれる動物たちのいる場所がない。

いや、家人によれば動物たちが多過ぎて人間のいる場所がないというのが正確だという。

動物というのは犬や、猫ではない。キツネやタヌキ、シカやノウサギ。時にはシマフクロウやヒグマを持参するものもいる。全員野生動物ということになる。

皆傷ついたり、病気になったり、時には自然の中から保護したという誘拐犯の駆け込み寺的機能も持つようになっていて、つまり何がなんだかよく分からないことも出現して、それに対応する空間がもう少しほしいなどという空気が生まれ、もう一棟倉庫をという意見が出始めた。

分からないとはなにごとかと首をかしげる人が出ても不思議はないのだが、とりまく世界が法とはそんなものですとの禅問答みたいなものが続く。

よく分からないというのは、集まってくる野生動物たちが患者でないらしいということである。

法的にいえば野生動物は無主物であると位置づけられている。誰のものでもありませんといっているのだ。

そうなると私みたいに、今夜の酒の肴にスズメの串焼きなんぞをとパチンコを持ち出しては困るというので用意した「鳥獣の保護及び管理並びに狩猟の適正化に関する法律」という名の法で守られている。勝手なことはさせませんと言っているのだ。

しかし基本的には無主物。持ち主のいない生き物です。傷付いても病んでもそれは自然というものですと知らん顔をしなさいと主張するのだった。これが分からない出発点となっている。

ところが、そんなことは出来ません。そんな理不尽なと、だきかかえて獣医師のところへやって来る心やさしき人、雨ニモマケズ風ニモ……的なヒトたち、多くは子どもや老人と呼ばれる人たちだが、なんとかしましょう等とつぶやき応えようとする獣医師は有無をいわせずあっという間に犯罪者の仲間入りを強制させられる。

患者が来た等と喜んでいると、法律違反ですなあ……とお上《かみ》からにらまれる。さし出す治療代なんぞに手を出したら確実に逮捕されると真顔でおどす人もいる。

それには腹が立ったが、考えてみると現実的には一番の被害者は家人、特にカミさんである。なんとかしようと思わないわけではないが、困ったことに第二倉庫と呼ばれた海岸のそれも、使っている学生の卒業を待って持ち主の判断で取り壊しが決まっていた。かといって第一倉庫はこれもまた入居者が多く、動物なんぞの搬入は論外といえた。時あたかも自称フィールドワーカーと呼ばれたその分野の研究者の卵がどんどん生まれる時代であった。

頭をかかえていても仕方がなかった。

そこで友々が集まってこの問題を論議する。こういう場に決まって登場する、竹田津悪人論に困った。要は今のような状態を招いた張本人は「あなたです」と私を指差すのであった。


病んだり傷付いたりした野生動物を見て、可哀想だから獣医さんのところへと思った人が昔もいたはずであった。

しかし近代化という名で農村が機械化され始めてから当然のように増えたのは事実であった。

交通事故であり、農機具による受傷であり、農薬中毒である。主たる原因は人間生活。

農業改善事業が本格化した一九六〇年代後半から、その種の相談が多くなっていた。かつては人々の生活が自分たちのことで精いっぱい、そんな野生のことなんぞに目を向ける余裕がなかった。でも生活は少しずつではあるが良くなっていた。病んだり傷ついたりした野生を見て、なんとかしたい、してやりたいという気持ちが行動に表れる。

最初は子どもだった。お年寄りだった。

そこで動物の診療所へとなるのである。農村には家畜診療所は確実にあった。だが現実には前述のように「そりゃ、困る」と断られるのが普通。しかも獣医師は誰も野生動物の診療については学んでこなかった。そんな教育は皆無であったのである。まずは行政の出先である町役場へ。ここでも丁寧に断られ、私たち診療所の方へ回されることになる。そして「治療費の請求はどちらに？」となって行政側も困り果てるのだった。

そこで法をたてに胸を張って「おことわり」をするという工程が何度か続いていた。そんな時によせばいいのにある日曜日、飛べないトビをだきかかえてきた兄弟の少年の涙に「なんとかしてみよう」等とほざいたのが全ての始まりであった。

大喜びの少年たちにかつて自分にもあった青い正義を見た未熟な獣医師がはまりこんだ深い深い穴であった。

「あの先生はなんとかしてくれる」とのウワサが町内外にかけめぐるのにそれ程の時間はかからなかった。当然それは持ち込まれる患者の数に比例し、我が家の家計を圧迫した。この手の診療所の経営は患者の数に反比例するのである。

時々、行政の担当者が立ち寄り、眉根を寄せてつぶやく。

「限りなく犯罪に近いですなあ」と。

あの先生、やはり逮捕されるらしいという噂が、あちこちでささやかれた頃、心配というより面白がる面々がある日倉庫に参集、ヒソヒソ、ガヤガヤ、ワイワイと対策らしきことを相談した。

そして結論。

「竹さん、持ち込まれる患者たちの顚末を書こう。どんどん書きなさい。写真も撮りましょう。風呂敷につつめる位の量になったら、それを持って警察に自首するといい、これが証拠の数々ですとさし出せばいい。お上も逮捕しないわけにはいかないだろう。風呂敷いっぱいの証拠があるのだから。結局裁判になる。その時に我々が論客を全国から集めて最高裁まで行く。結論が出る頃、あんたは寿命で死んでいる。面白くて楽しいよ」と。恐ろしい。

当時、私は少し雑文を書いていたのだった。

自首のための証拠書きが始まった。写真も今までより熱心となった。

面白がって読んでくれる人がいて、お金が出版社から振り込まれることがあった。

これに気を良くしていた時に、次の倉庫をなんとかの話だ。

ならば理想の倉庫をと考えた。

リハビリを中心とした建物とし、可能な限り自然豊かな地にあること。しかも周辺にこの作業を理解する人のいることなどである。

カミさんの注文には市街地にある住居（第三倉庫）から近いというのがあった。

現在《いま》みたいに農村の人口が減る時代と違い当時まだ農業の未来は明るいと語られていた。そのためにそんな虫のいい物件などあるはずもなかった。

結局大きな借金をして建てることにする。

なんともバカな話である。

法を破るために借金をするというのだ。それには私も気持ちが萎えてどうしようもなかった。

場所は市街地にある第三倉庫から北へ八キロメートル、第一倉庫が遠くに見えた。

設計は旅人で建築家の鹿野宏さん。私の出版記念会の時の焼肉係だった人だ。

周りは国有の防風林、平地に残った数少ない原始林である。五〇〇メートル離れた南

第4倉庫全景

隣の地に住む酪農家原田英雄さんが理解者であった。建築費の一部も借りた人でもある。彼は冬の期間飲みに来る時は決まって大型トラクターで除雪をしながらやって来た。もう時効だからいいだろうが、帰る時も除雪をしながら帰っていった。

建物は第四倉庫と命名され、その開所記念式にはキツネとシカの子が客人たちを迎えた。

倉庫は完全に患者用として設計され、床は全面防水がされて水洗いも出来るようになっている。出来るだけ患者が退屈しないようにと変化のある設計になっていて、中央部に大きなこれも悪友の手造りによるストーブがデンと座っている。

その周りに座って私たちが会議というものも出来るように設計され、二階はロフトもあってなかなかの造りである。

北側の広場を囲むように大型の檻《おり》四室があり、反対側の南にも一棟の檻を持つ。それぞれ入口を開け放つと目の前は幅五〇メートルの防風林がはるかな地まで続いている。

一日も早く自然の中に帰ってもらうという設計である。


運営が始まる。

今回はその日々の小さなエピソードをひとつ。

松井繁《まついしげる》さんという人がいた。いたというのは今は故人。

お医者さんで、私が就職した頃は網走で開業していた。私の大好きな人のひとりである。

白鳥の先生で通っていた。

ハクチョウの写真を撮り始めてもう長かった。すばらしい作品を連発して、当時の国内で有名なコンテストで最高賞を取っていたし、今で言う「ネイチャー」系の写真を楽しむ人間にとってはあこがれの人であり、道内でお世話になったことのない者は誰ひとりいないだろうと言われていた。

私もそのひとりで、シーズンになると近くの湖によく会いに出かけたし、先生も近くに来たからと立ち寄った。

私に結婚をすすめた人である。私が唯笑って断っていたので、しびれをきらしてある日写真を持って見合いの話を持ち込んできた。看護婦さんだと言った。

私は立ちすくんでいた。すでに結婚していて子どももひとりあったのである。

その松井先生が時々、ハクチョウの情報を送り届けた。

「あそこの河口にいる幼鳥を診てほしい」体調が悪いようだ。△△川の橋の上から見えるヨシの茂みのそばにじっとしている個体はきっと熱があるのだろう……などというのである。

私も出来るだけ時間をとってかけつけるのだが当の患者？　に会えないことの方が多かった。

そうしたある日、ハクチョウの患者第一号をかかえてやってきた。トラックの運転手が持ち込んだと言った。医者だからハクチョウも診るでしょうとのたまったそうである。

道路わきを散歩していたと凜告ではそうなっています。要はなにかのはずみで道路へ迷い出たハクチョウが保護されたということだろうというのが結論だった。

ハクチョウは体重が重い。どんなに危険がせまってもヒョイとは飛び立てない。滑走路を必要とする。それも少なくとも地上では直線にして五〇メートルはいるだろうと私たちは考えている。大きな翼をばたつかせ両足で水面を強くたたかないとあの重量を中空へ浮かせることは出来ない。滑走路がコンクリート製となるともっといるのではないかと想像した。

この患者？　がラッキーだったのは保護された場所が田舎道であったためだとこれも勝手に診断した。道路が悪く、昔は車がそんなに速く走れなかった。

医者と獣医師、二人の技術者？の診断の結果、栄養的には問題なく唯ドジであっただけだと結論した。

それでも万が一のことを考え抗生剤と栄養剤……といってもビタミン剤を添加したミルクにひたしたパン片程度のものを強制給与して放すことにした。

病気になりたがったオオハクチョウ

時給の高いひとりと高くないもうひとりの男がする仕事ではありませんと言い聞かせながら湖まで車を走らせ退院？　させた。

ハクチョウの患者第一号には続きの物語がある。入退院をくり返したのである。

次に持ち込んだのはお百姓さんだった。近くの農道をオートバイで走っていたら、突然そばの草の茂みのかげからとび出し、オートバイを先導したという。

よく診るとあの松井先生の持ち込んだ個体ではないか。

「余程この診療所の待遇の良さが忘れられないらしい」と私はブツブツつぶやいていた。

今回も特別な異状は発見出来ずに退院を願うことにした。

今回も湖まで送られての退院である。あのガソリン代は、誰が払うのかしらなどとブツブツとつぶやきながらの作業となった。

三度目、知らせてくれたのは小学生だった。線路を歩いているというのだ。死を志向する……すなわち自殺は動物界にはないと長いこと私たちは考えていた。ひょっとするとこれが第一号かと一瞬思ってしまった。

とりあえず出かけることにする。

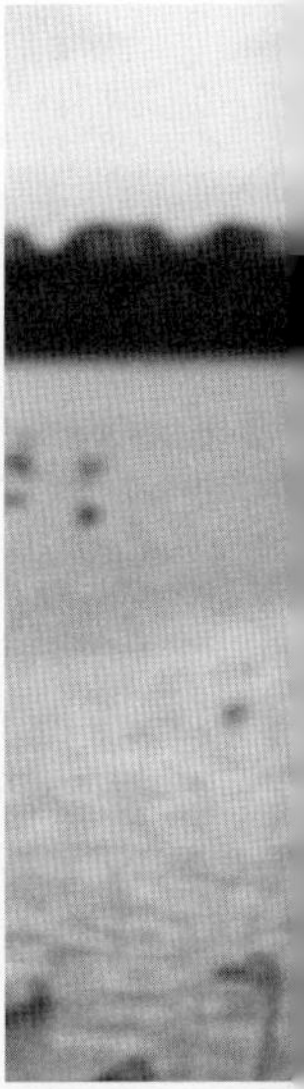

本当にハクチョウは線路を歩いていた。例の個体だとすぐにわかった。気づかないような位置に目印をつけていたのだった。

大騒ぎのあと入院することに。

今度は少し長期に診たいと考え、市街地の基本的には人間の住家へ。

と言っても入院の場所がない。結局、少し余裕のある玄関が臨時の入院室となった。

今回も特別な異状は発見出来なかった。出来ないのではなく私にその能力がなかったということだった。誰か診てくれないかなあとつぶやいてみても皆知らん顔である。

入院三日目に事件は起きた。

被害者が出たのである。被害者は立派な人間で加害者はそのハクチョウであった。

被害者のおじさん、彼は郵便配達人でれっきとした公務員である。

その公務員を入院患者が襲ったのだ。

被害者が郵便ですと玄関を開け入ったとたん、グエッグエッと「トビカカッテキタ」と言うのだった。

玄関が少し暗かったので、その大きな声になにがなんだかわからないままそれでも逃げようと後ろを向いたとたん、尻を切られたと言うのだ。それも二ヶ所だと。

「そんなー」と私は絶句したが、あとで調べてみると確かにお尻の二ヶ所に内出血の大きな跡がある。切ったのではなくつまんだのだ。

でも笑ってはいけない。正直私はおかしくて顔をふせて笑いをこらえていた。なぜかおかしいのだった。

しかしわかったこと。ハクチョウの嘴《くちばし》を馬鹿にしてはいけない。あれは強烈、大型のペンチと考えてもいい。そして患者は精神にどこか問題をかかえているのかもしれないとボンヤリ考えるようになっていた。

そんなことは関係なく、患者は車に乗って湖へ退院していった。

以来音沙汰がなくしばらくの間少し淋しく感じられたことが自分でもおかしいのである。

第四倉庫はその後も大事件、怪事件、珍事件、迷事件を生み続けて一五年でそ

足に鈎針のささったハクチョウ

の役目を終えた。

　私は逮捕されることもなく、しかし一度行きたかった最高裁も、いや一般の裁判も受けずに今日まで生きている。

　証拠の品々が足りなかったことはないはずだ。一生懸命書いてきたつもりである。いつの間にかお上も、緊急避難的にそれは認めましょうと変化したと聞いた。しかしその中に流れている精神は変わらない。……さし迫った危難をのがれるため、やむをえず行う加害行為であると位置づけたのである。

　あくまでこれは加害なのだと。

　昔のことを思い出す。

　大学一年生。一般教養の法律概論で学んだ一項がある。

　正確には憶えていないのだが書き出しが法の精神であったように思う。次のようなもの。
　△法は破られるために存在する。
　△法は限りなく常識ににじり寄る。
　というのがあった。犯罪者ではなかったのに目の前が明るく感じられた。その時私は大学に行ってよかったとしみじみ思ったのである。本当に学問をしたと思ったのである。

第十三章

オホーツク寺子屋風夏期学校報告

一九七〇年。三人の近藤姓を名乗る学生がやってきた。共に北大生。それぞれに立派な名があったが、ぴったりの渾名も持っていた。

アホ近《コン》、ウン近《コン》、そしてヤリ近《コン》といった。

アホというのは阿呆《あほ》なことをするか、考えるといった性癖の持ち主だろうと勝手に考え深く詮索はしなかったが、ウン近はよほど運のいい男で宝くじでも当たって大学へ行ける身分になったのだろうと思っていた。

ヤリ近はこれはやり手の近藤という意味でさぞかしフィールドの調査もテキパキとするに違いないと大いに期待した。

ところがウン近というのは運転手の近藤ということらしく、彼はちゃんと四輪のついた自家用車を持っていた。

自転車かオートバイの時代、これは珍しかった。

ヤリ近については期待をしてはいけないとある人物から言われた。彼はやりっぱなしの近藤と言われているというのだ。

ウン近は獣医学部、ヤリ近は小川、米田、城殿と同じ研究室の学徒である。ひとまとめにスリーコンズと名乗った。

三人は当時発足間もないクマ研のメンバーだった。正式には、北大ヒグマ研究グループと呼んだ。

北海道の野生の代表であり、自然の守護神と目されていたヒグマを本腰を入れて研究しようという頼もしい集団に見えた。

倉庫の初代の名主的人物であったモズの小川巌さん、コウモリの前田喜四雄《まえだよしお》さん、ネズミの出羽寛《でわひろし》さん、そしてアザラシの新妻昭夫《にいづまあきお》さんの四名が中心となって発足したと聞いている。立ち上げたのが一九七〇年であるから皆若くて初々しく、張り切っていた。

ちなみに言えば四人共に大学の先生になっている。いわばそうそうたる面々であった。

鉄仮面こと米田政明君も重要なメンバーだったので、集まると倉庫からヒグマの雄叫《おたけ》びみたいな声が窓ガラスをふるわせた。

今回はスリーコンズのひとり、近藤誠司さんの話である。

今思えばおかしなもので青春の一時期、それぞれの人が小さな志のひとつに寺子屋みたいなものを持ちたがる。……がると言ったのは周辺にそういうものがあったからだ。

隣町に知床《しれとこ》少年学校というのがあった。記憶が定かでないのだが少女という文言は入っていなかったと思う。話が楽しかった。中心は桂田《かつらだ》歓二《かんじ》さん、午来昌《ごらいさかえ》さんたちである。午来さんは後に斜里《しゃり》町長となり知床を世界自然遺産として認めさせた実力者である。

でもその頃は若く、学生時代、私が初めて知床へ出かけた時から知人であり友である。

そこで少年学校を何度か見学させてもらったし参加させてもらった。自然の大切さ、その地の豊かさ、守ることの意識などを子どもたちに語る姿がまぶしかった。面白く楽しかったのですぐに真似をしたがる性格がもぞもぞと背中をくすぐった。

倉庫が校舎に使えると考えるとすぐに準備を始めた。誰を教授陣にと考えると人材はいくらでもいた。歴《れっき》とした大学院生、それに天下の北大生である。彼らに参加してもらえばいいと勝手に決めた。いずれも自然をフィールドにする学徒である。自然界を教える人材として不足はなかった。

そこでと、一宿一飯の礼儀として……これは巌さんの言い方であるが、……といった妙な理屈で手伝ってもらうことになったのである。

最初の二年は地元の子ども……といっても我が家の四人の子どもとその友人たちといった具合で夏休みの数日間であったが、そのうち口コミで私もとか我が家の子どもをぜひにという声が出てきて、少しずつ町外の子も参加を認めるとの方向に動いていった。

四年目、町内と町外の子どもの数を同数とするということになって、遠くは京都、神戸からやって来る子もいて、私たち夫婦の年中行事のなかでは大きいものになっていた。

そんな時にスリーコンズの登場である。

特に近藤誠司さんは農学部畜産科で「牛の行動を研究しています」と言った。

私も獣医師の端くれ、牛の行動には興味があって、常々山麓にある広い町営牧野《ぼくや》へキツネの観察に出かけては、半分牛群の動きを見ていることが多かった。

彼のフィールドはその牧野がいいと、私は酒を飲むとクダクダと勧めていた。

そんな時だったので勝手に「オホーツク少年学校」（知床……を真似てこんな名にした）と名付けた寺子屋風夏期学校の教授軍団に彼を入れたのだった。まあ、教授陣といっても子どもたちの遊び相手であり、しごき陣であり、時々持て余す程の知識の一部を無料で披露することを義務づけられている集団と考えればいい。

寺子屋風夏期学校には校則らしきものがあり、親は出発の時点で子どもを自由にさせることというのが第一項にある。すなわち遠いからといって途中まで送ったりしないことになっている。無論、倉庫には電話はありません。緊急の場合は我が家にとなっている。これは当然のことだが途中の陣中見舞いは一切お断りである。

七回目の時は、米、調味料以外は現地調達という恐ろしいことを考え出した者もいる。海や川で魚を獲り、原野で野草を刈り、キノコや果物……と言っても近くの林の中にはそれ程のものはない。

噂を聞いて近くのお百姓さんが野菜や果物をさし入れてくれて、なんとか終えた。

開校四日目、多くは夏期学校の中日であったが、子どもたちに葉書を渡し両親に近況を報告するという課題があった。その年のその中の快作。

お父さん、お母さん、まだ生きています。

とだけ書いた子がいた。そう、生きていればいいんだ……とあとからその子の親が礼状の中に書き添えていた。

そんな決して楽しいばかりではない日々、多くの教授陣の中、人

寺子屋風夏期学校、右端下はちまき姿が近藤さん

気者は近藤誠司さんだった。

彼は当時の鬼の指導教官の命により二本の卒論を書いて、晴れて大学院生として手伝った年の話。

ちなみに彼の卒論のテーマを記す。

①大規模な公共草地における放牧牛の動態について
②子牛第一胃発達の研究におけるファイバースコープの利用

というものであった。

鬼の教官の「大学院に行くなら卒論は二本ぐらいやれ!!」のひと声で決めたといった。

驚く程の勉強家であり、体力の持ち主と見た。

私たち獣医科は国家試験があるため卒論は義務づけられていなかったが、やはりその時期、郷里の農学科生の先輩の卒論提出を手伝ったことがある。小泊重洋《こどまりしげひろ》さんといったが研究熱心な人で卒論の添付資料が膨大、提出にリヤカーが必要となった。私はそのリヤカーを押すのが主たる仕事であった。

近藤さんが二本を出したと知って肝をつぶしたのである。ひょっとすると軽トラックが必要でなかったかと。

時代がそんなものを必要としない世界に入っていたことに気づき苦笑いしていた。

その近藤さんがある日、我が家の子どもを相手に英語の発音について話していた。私は忙しくて……といってもメ切の過ぎた原稿なるものと格闘中であったのだが、答える子どもたちに「違う、違う、こうだ」と大声。続く子どもの声も大きくなってなかなかに騒がしい。時々「チガウ」が登場し、最初にもどっている。いつの間にかそれがひとつのリズムとなって耳を心地よく通過していた。

発音の練習は一時間余りも続いたが、以来我が家の子どもは彼に一目置くようになっていた。

虫取り大会

フレーズの修練にかける情熱とそれを受けて飽きずに目を輝かせる我が子の姿に、彼には何か特別な才能があるように思えた。

キャンプや林間学校の行事の中で人気のあるものといえば肝だめしがある。我々の時代は試胆会《したんかい》と言ったが、今はもう言わなくなったかもしれない。

我が寺子屋風夏期学校も行事の中心にこの肝だめしを据えた。いつの間にかそれが伝統化していた。

夏期学校の中心地となった第一倉庫はなかなかの環境にある。

四方見渡すかぎりに人家は見えない。あるのは防風林と原野だけ。夜になると北の砂丘の向こうからオホーツクの海鳴りの音がするだけの、都市に住む人にとっては当然のこと、田舎に住む人間にとってもなかなか淋しい所である。

その上、西の防風林のがけに墓地がある。今見れば立派な墓石が並ぶが、四五年程前だと墓石の数は数基だけ、あとはその内に建てるという気持ちを示す木の柱が立っているだけの地であった。

夏、お盆が近くなり、人々が故人の好きだった品々をそなえていた。それを目当てにキツネが姿を見せ、それを日中通りかかった子どもたちが見ていたので、夜はそれなりの地と思われていたふしがある。キツネは人を化《ば》かすと多くの人が思っていた時代である。

そこを肝だめしの中心的舞台と考えていた私たち教授陣は、日中、子どもたちにその地の不思議さを語ることを義務としていた。

肝だめしの責任者がいつの間にか近藤誠司さんになっていた。彼を中心に他の人々は火の玉造りに汗をかいた。実験をくり返してもなかなか「ひとだま、おにび」と呼ばれるものが出来なかった。

それでも実験をくり返すなかで、最終的には竹竿《たけざお》の先に細いピアノ線をつけてその先にくくりつけた野球のボール大の綿花にアルコールをしみこませ、それに火をつけるのが一番恐ろし気にみえることを発見した。


それを五本用意した。三本は倉庫の近くを流れる川にかかる橋の周辺に、残る二本は墓地に決めた。

墓地の墓石のそばに火のついたローソクを立てる。子どもたち全員に線香を五本ずつ持たせ、それにローソクの火を移し取って帰ってくるルールにした。

途中、お化け役を要所要所に配置し、子どもたち全員をふるえあがらせようという作戦だった。

中心舞台の墓地が少し淋しい……と言い出したのは鉄仮面であった。墓地は淋しいに決まっとるといったのは私。

ところが鉄仮面は私と反対の意味で淋しいと言ったのだと分かった。ローソクを立てただけでは子どもたちはそこが怖い所だとは思わないのではないかと主張するのだった。そうなればといろいろ考えたがそうなってくるとスタッフの数が足りないと分かった。そこでとあまり期待しないままに山羊を一頭そばに繋ぐことにした。名をマサコ・フォン・ロッテンマイヤーといった。雄である。雌だと思ったのに雄であった。乳を搾れないのなら全くの役立たず。農家の人が獣医さんは動物はなんでも好きだからと我が家の前に捨てていったものである。それが無役で毎日ボンヤリ倉庫の周りの草を食べて暮らしていた。

フォン・ロッテンマイヤーは当時人気が出ていたアニメ番組『アルプスの少女ハイジ』に出てくる少し意地の悪い執事の名である。頭につけたマサコは私のカミさんの名。学生たちが常日頃多少の意趣もあり、時には呼び捨てにしたくなることもありやと私が勝手に思い込んで、そんな時はどうかこの山羊に向かってどなってほしいとつけたのである。マサコ、マサコ!! あとはモグモグでよろしいと許すことにしたつもりである。

かくして役者は揃った。上々の天気であった。

太陽が西の墓地の向こうに落ちる頃から子どもたちが落ち着かなくなる。毎度のことである。

二メートル先の友の顔が見えなくなる暗さを待って肝だめしが始まる。各々に線香を渡す。

その時になって腹の痛くなる子が出てくる。

動物のお医者さんである私が診ても間違いなく疝痛《せんつう》の状態。腹が痛いのである。中には脂汗を出し、顔の青い子も出ることがあった。

そんな子どもを倉庫に残し、一五分にひとりずつ出発させる。

ある者は大声で歌をうたい、またある者は闇に向かって「あのヤロー」とか「○○先生シネー」などの雑言をがなって行った。

途中、要所要所でキャーなどの声があがったが、多くは「○○先生でしょう」とか、

肝だめしの中心的舞台となった墓地

「待てー、逃げるなー」などの声。どうやらスタッフがおどされているらしい。

結局、私たちの演出？　で一番期待しなかったのに一番効果を発揮したのはマサコ・フォン・ロッテンマイヤーであった。

これは子どもたち全員が予期しないことであり、得体のしれない化け物として恐怖したといった。

無役のマサコが一等に輝いた時間であった。

事件は全てが終わろうとした時に起きた。

最終のコース、橋のそばの私たちの待つ所であった。

子どもたちがやって来たのでアルコール綿に火をつけた。青い炎がピアノ線特有の弾性によって上下し誰が見ても鬼火であった。

ところが子どもたちにとってはどうやらそれは予定された演出であったらしい。闇にかくれる私たちに向かって「近藤先生でしょう」とか「竹先生に決まっとる」とか言って手に持った小枝をふり回すものもいた。

「どうやら負けらしい」とつぶやこうとしたその時である。

ザブーン、という音、三メートルの橋の下である。

私は走った。橋の向こうにいた城殿君も走ってきた。音のした近くの橋の上には数人の子どもがいた。皆心配そうだった。

誰だ、どの子だと集まったスタッフは同じ台詞《せりふ》をはいていた。

すぐそばで両手を橋の一番端にある丸太にのせてのぞき込む子がぼそりと言った。

「近藤先生」と。そして続けた。「自分で飛び込んだ」

その時になって誰かが懐中電灯のスイッチを入れた。その光の先端に、下から見上げる近藤誠司さんの顔があった。笑っていた。私は半分抜けかけた腰を元に戻していた。

彼はあまりに反応のない子どもたちに本物の驚きを表現してみせたのである。

彼の人気は一段と上がった。

それは一瞬ではあるが、皆が経験した夏の出来事の全てを代表していた。

皆いい思い出を持ってそれぞれの地に帰っていったのである。

近藤誠司さんはその後、私の住む町の山の中にある広い公共牧野の管理小屋に寝泊まりし、日中は一番高い高台に立ち、終日牛の行動を観察した。

修士論文は「畜牛の環境適応に関する研究―特に放牧牛の行動適応について」であった。

時々やって来て風呂に入り酒を飲んだ。そして「竹田津家の謎」という小冊子を残して卒業していった。

助手、講師の時代を経て母校の北大に帰り、助教授、教授といい仕事をして、立派な教育者に与えられる尊称、名物教授の名をほしいままに数年前退官した。

彼の教え子に何人か会った。

皆、うれしそうに、なつかしげに語っていった。

彼はあの夏の一時期の寺子屋風夏期学校の時の情熱を少しも失わず、むしろいつも全身で真摯に相手と向き合うというその資質はますます円熟し、学生たちにたくさんのものを残していったらしい。

思い出話が夜半まで続くことがあった。


私たちの小さな学校運営は一〇年で終わった。

私が忙しくなり過ぎていた。

マサコ・フォン・ロッテンマイヤーのその後について。

ある秋、行方不明となった。第一倉庫でカレーのおいしい匂いがしていた日のことで獣医学部の近藤君が来ていたと言った人がいた。

そのこともロッテンマイヤーと一緒で数日で話題の中に登場しなくなった。

皆んな、貧しく生きてきたのである。

第十四章

あこがれの縄文人がいた

環境の問題はつきつめると生き方の問題である……と倉庫で少しアルコールが入るとその結論が出るまで論が続いた。

ある時期、縄文人の生き方が話題となり、日本にもいると気づかされた。アイヌの人たちの生き方である。それでその自然観などがいろいろ語られ、狩猟採集の民の世界観が今一番必要とされていると結論して会はお開きになることが多かった。

ある時、米田政明君や近藤誠司君が今一番学びたい人のなかに日本の縄文人、久保《く ぼ》俊治《とし はる》がいると言った。

少し酔った。

急に晩秋の冷気に当たりたくなった。

外に出た。月が天空に。上弦の月かとつぶやく。それを聞いて一緒に出た縄文人は言った。

「少し太ってきた」と。

縄文人の名は久保俊治さん。

最後の縄文人であろうと私は勝手に思っている。もう四〇年来の友だとこれも勝手に決めている。

倉庫には鉄仮面の米田君が連れてきた。彼はある種の魂胆を持っていた。

「猟師です」と紹介した。

「……で生業はなにをやってるのです?」と私。

「猟師をやっています」ときた。

当時、近くの町に渋田《しぶた》一幸《かずゆき》さんというトド撃ちがいた。

トドは大型の海獣である。私はその姿が大好きで道北の藤本信治君のお父さんに頼んで撮影に出かけていた。そこで渋田さんにお会いした。

渋田さんは映画『ジャコ万と鉄』の主人公のひとりのモデルだと言われた人で、おそらく北海道で最後のプロのハンターだろうとも言われていた。

その渋田さんですら海運業というもうひとつの職業を持っていたのだから、生粋の猟師という生業はもはや消えてしまったものだと決めていた。

まして鉄仮面が連れてきたとすればクマやキツネなどの陸生の動物が対象だろうと感じていたので、当然もうひとつかふたつの職業を持っていなければ成り立たない。

私が納得しない顔付きを見て、彼は再び言った。

「猟師です」と。

ハンターですと言わなかったのが新鮮だった。

当時ハンターと自称する鉄砲撃ちはたくさんいて、北海道犬保存会の友と、ハンターを鉄砲を撃つだけの人と猟師とに分けなければいけない等と笑い合っていた時代である。

そこへ登場。

いやがうえにもいろんなことを詮索したくなる。狩猟が生業ですと胸を張られても……いや正確にいうと胸は張っておらず、唯淡々と自分の生き様を説明しようとする若者がそこにいるだけだったのだが、世は後年バブルと呼ばれる時代に突入していた。そんな時に自分で撃った獲物を売ってそれで生活するという。毛皮のブームも去りかけていたし、大型の羆《ひぐま》を売ってもそれが生活に足りる金になるとはとうてい思えなかった。

「そんなバカな――」と自分でもおかしいくらい、それを否定しようと試みていたふしがある。胸を張る若者がまぶしかったのかもしれない。

しかし、その時はこれで決まったとも思った。

私たちは猟師を探していたのである。

映画『キタキツネ物語』の中では唯一人の人間、それがキツネを狩る猟師であった。

何にでもこだわる学生たちが俳優ではだめです、せっかくここまでドキュメンタリーとして撮ってきたのだから、登場する人物も本物でなくてはという意見だった。

そこでと探し始めていた本物の狩猟者の候補であった。鉄仮面は初めから決めていたふしがあった。

でも余計なことはしゃべらないことを家訓としているふしの彼が言うのだから、ということで結着した。

「プロの猟師です。北海道では最後の猟師かもしれません」と紹介。

もう脱帽である。


久保俊治さん。昭和二二年生まれ。小樽商科大学卒。

彼が大学卒業後、猟を生業にしようと決めた時、国内にはプロと認められた猟師は一人しかいなかったそうだ。その人

映画『キタキツネ物語』に出演中の久保さん

は本州の人で、銃を使う狩猟者ではなく甲種と呼ばれたワナ猟を生業としていた。

ゆえに久保さんがプロになると決めた時、日本には一人も銃猟を生業とする者はいなかったことになる。


彼は役者という大役？　を無事果たした。

それを機に時々やってくるようになった。

決まって獲物のおすそ分けである。

ある時はシカ肉のロース、ステーキ用ですといった。ある時はヒグマのジャーキー。時にはサケのトバを持参した。

二〜三時間して帰っていった。

酒が飲めない……というより当時はあまり飲まなかったのかもしれないが、泊まっていくことはなく、どんなに話がはずんでも律儀に「帰ります」と宣言して帰っていった。

彼の持参する物はどれもおいしかった。お世辞ではない。本当である。

ある時、「あんたの持ってくる獲物はどうしてこんなにおいしんだろう」と。

彼は一瞬間をおいて答えた。

「殺したやつの命に対する責任です」

だから斃《たお》し方に心がけ、解体に気を配る。自分でも他者であっても、食べた人に「これは旨《うま》い」と言ってもらえるような獲り方をしなければいけないと心がけている……と続ける。

私は感動した。きざな言い方だが心が洗われた。

私は農村に住む一獣医師。当然ほとんどの知人、友人がお百姓さんか漁師。彼らも常に心がけていることがある。食べる人に一番おいしいと感じてもらうために日々努力していると。

だが久保さんとは違う。

お百姓さんや漁師は目的とする獲物にとって一番いい収穫時期を自分で決めることが出来る。

ところが久保さんはそうはならない。

狩猟というものは逃げるものと追う者がまさに命をかけて知力と体力のかぎりをつくす作業。ゆえにおいしく斃すなんていうことがいかに難しいか、想像すると頭がクラクラする。間違って腹部なんぞに弾が当たれば内臓に傷がつき、その臭いで不味《まず》い肉を食べなければならないことを農村に住む者は何度も経験している。

私たちが日常口にする肉ひとつをとっても、畜肉処理場の人たちが細心の注意をはらうからおいしく食べられているのだ。その相手が地を這《は》い草にかくれ、木々をぬって山地を駆ける。

狩猟者は気づかれないことを第一に考え、追う者の気配を消して近づき、一発で倒さなければばならない。失敗すれば傷つけた命のためにひと山もふた山も越えて追いかけなくてはならないかもしれないのだ。

時として相手がヒグマだったら反撃にあうことも十分覚悟しなければならない。

そんな状況の中で「これは旨い」と言ってもらうために狙いを定めるというのだから涙が出る。

北海道の自然の守護神ヒグマ

私は話を聞いていても胸がドキドキ音をたてているのを感じたし、いく山も越える話の時はうっすら汗さえかいた程であった。

これは時々来てもらわなくてはと考えたが、彼はなかなかやってこなかった。それでもやってくれれば私や学生だけでなくカミさんまでもが彼の話に息をのみ、彼の資質と猟師のプライドに唯々頭を下げるのであった。

私は聞くは一時の恥と思っているふしがある。そのためか何でも聞く、誰にでも聞くという性癖の持ち主である。

そこで聞いた。

「どんなものがお金になるのですか」と。

当然一番先に出るのはヒグマだった。毛皮と胆。いい物だと一頭で三〇万にはなります。

次にキツネ、タヌキ。一頭で毛皮一万、シカは角がよければ剝製屋で一頭一〇万円になったといった。エゾライチョウ、エゾリスも売れたことがあるという。

平均して一年でヒグマ一、シカ二、キツネ二〇、エゾライチョウ二〇くらいかなあ。

肉の多くは自分の食糧にしたが、クマ、

シカの肉はよく売れたという。特にヒグマの肉や骨は薬のように思っている人がいて売れ残ることがなかったと話す。

一年にどれくらいの金額になりますかと聞くと、八〇万にはなるでしょうとこともなげにいった。

彼は車を持っている。当然である。北海道は広いのだから車なしでは生活は無理だった。タバコも楽しむ人だ。それでそうした生活費に、当然食糧代も入れて、どれくらいで生活をするのかと聞く。

「五〇万もあれば十分です」と答えた。

いくら今から四〇年前の話とはいえ、私たち夫婦は絶句して私は自分の性癖をうらんだ。若いということはいいものだと思おうとしたが、彼と私は一〇歳しか違わない。聞くのではなかったと。

エゾシカの群れ

ところが彼は私たちの気持ちとは全く違った世界の中にいた。実にさわやかなのである。淡々と自分の収支を語って帰っていった。

私は本当の意味での自由人を見た想いであった。

狩猟、漁労、採集が生業の自由人となれば私の勝手な想像の縄文人に違いないと、以降彼は縄文人であると自分には言い聞かせ、真似をしてはいけませんとつけ加えることを忘れないようにしていた。

数年が経った。

鉄仮面がやって来て「縄文人について伝え忘れたことがある。正確には久保さんは」と言った。

「アメリカ帰りである」というのだ。

昔からアメリカ帰りと言えば一目を置くことにしている田舎者の私は、アメリカのどんな所から帰ったのかが知りたくて話をせかせた。

「久保さんはモンタナにあるアメリカのプロハンターの学校を卒業して、アメリカでアウトフィッターもやっていたのです」といった。

一緒に聞いていた映画作りに参加した友々が「そうか、やっぱりプロは違う。本物以上のハンターの姿だった」とつぶやいた。「やっぱり……」ともうひとりうなずいた人がいた。カミさんである。

しかし一部には不評だと聞いた。

わけを聞けば当たり前の話である。

久保さんは後年結婚した。可愛いお嫁さんでプロの漫画家である。

二人の子どもが生まれ、どんな子育てをするのかと私たちは興味津々であった。

二人とも女の子であったのでまさか自分の生き方は押し付けないだろうと思っていたら、子どもたちの方が久保さんの生き方を真似た観があった。

学校までは距離があったので家からは馬で通わせた。小さな女の子が馬に乗って学校に行くのである。雨の日も風の日も、そして雪の日だってである。

話には聞いていたが『大草原の少女みゆきちゃん』という名のテレビ番組とし

久保さんと娘の"大草原の少女みゆきちゃん"

て放送された時は「やっぱり」「さすがー」となってしまった。

前に書いた一部には不評と言ったのはこの二人の娘さんが、映画を観てべそをかいたことである。

「お父さんはやさしく立派な人なんだと思っていたのに、大悪人になって……」と言ったそうだ。

後年、近藤誠司さんからそれを聞いて「そうだろうなあ」と私たちは目をしょぼしょぼさせたのである。

でも今では自分の父の仕事を理解し生業としたことにきっと胸を張っているのに違いないと確信している。


彼はプロのハンターとしての生きざまを本にした。

『羆撃《くまう》ち』（小学館）という題である。

ぜひ読んでいただきたい。軟弱とまではいわないが、全てが予測される時代に生きる現代の人々にとっては必読の書であると断言できる。

発行部数も九万部近くになっていると聞く。ベストセラーである。

それはきっと、かつて自分たちのどこかに流れていたであろう熱き血を思い起こすささやかな遺伝子が残っていたことに気づいた人たちが、友に、またその向こうの友にそのうずきを伝えていった結果だと思っている。

その中のひとつ。

四月の道東、まだ雪が一〇センチ積もる山地でヒグマを追う。いくつかの尾根を越え、沢を渡って追い続け野宿する。

次の日も朝からひたすら追う。三日目、やっとスコープの視野いっぱいに見える位置まで近づき引き金を引く。仕留める。

解体が終わった時、夜は近くまでしのびよっていた。

はるかに離れたベースキャンプまで戻るのは全く無理と、その夜も野宿。前日は寒さで丸くなって寝たがその夜は剝いだヒグマの毛皮を頭からかぶって寝た。暖かくてゆっくり眠れた、という記述がある。

私ははるかな昔。スウェーデンの探検家、ステン・ベルクマンの千島紀行の一文を思い出していた。

千島ウルップ島アイヌの漁師、沢口某の話である。

ある時彼は泊まっていた狩人小屋を失火でもやした。

冬の嵐の晩であった。自分で獲ったキツネの生皮七枚と銃といくらかの米を持ち出すことが出来た。

彼は雪の中に穴を掘りそこにキツネの皮をしきつめ、夜の間、体をあたためて過ごし、次の朝積もった雪の中から這い出し五キロメートル離れた次の狩人小屋をめざした。


唯それだけだが私はその生活にひどく感動していたのである。

同じことが久保さんの世界にあって、時空を飛びかう狩人たちの会話が聞こえるような気がしたのである。


「月が太ってきた」といった続き。

久保さん、今までにヒグマ何頭仕留めました？　と聞いた。

「八〇ですネ、アメリカでのガイド中のものを加えると一〇〇になります」と。

久保さんは単独行のハンターである。私なら平気で「二〇〇ちょっとですかネー」くらいのことは言う。

彼は本当のマウンテンマンだといっていい。

本場アメリカでプロのハンターに与えられる尊称である。

第十五章

第四倉庫の住人たち

第四倉庫は人気があった。

それは野生動物の自然復帰を手助けすると謳《うた》った構築物だけに、人間ではあるがやや野生に近い人々にも居心地のいいものであるらしい。

小さな会合、中位な会合、はては大集会もそこを使った。

その都度、入院患者は外のクマ用、シカ用、アザラシ用のケージの中へ引っ越すということを強いられる。

あまりにその会合と称する集まりが続くと引っ越しに我が家の人たちは疲れ果て、多少問題があっても患者たちに早目の退院を願うことになる。

強制である。

退院だタイインダーと大声をあげ外に放り出す。自由への旅立ちだと、多少後ろめたい自分への言い訳を参加させる。

やがて、その自由への退院を喜ばない生き物もいるらしいと気づいた。自由への解放を拒否して時々というより毎日倉庫へ帰ってくるという困り者が登場したのである。

そうしたある日、見知らぬというより、どこかで見たことがある生き物が、倉庫の周りにいると言い出した者がいる。

カミさんである。

生き物はキツネ、正式にはキタキツネである。

長年私がキツネを調査と称して追いかけているので必然、キツネの入院患者は多い。

特に科学者になりたがっていた私が、そんな資質を持ち合わせていないことをとうに気づいているのに、せめて気分だけはその気でいたいと「キタキツネの研究一五年計画」なる大層なテーマをかかげていた時代の話。

その一五年を三期に分けそれぞれ五年とした。最初の五年間は野生のキツネを観る。次の五年間はキツネを飼育して知る。最終の五年間は飼育したキツネを野に放ち、野生復帰の問題点を追うという、今考えても恥ずかしくなるようなおおげさな作業計画を立てて、キツネの研究の第一人者になるのだと妄想のなかで走り回っていた時代の只中《ただなか》であった。

近くにある、毛皮産業の現場、養狐場で起きる事故の緊急病院的役割をしたいと立候補したため、キツネやタヌキがよく運び込まれた。

観光地が近かったのでヒグマの持ち込みもあった。

その中で分娩直後にやってきた子どもは成長すれば私の実験用に使っていいと言われ、

退院の時を過ぎても居候みたいな顔で倉庫を出たり入ったりしているものもいる。

野生動物は学習する。

平気で倉庫を出入りする患者を見て自分たちもと真似をする族《やから》が現れた。

ある日、見知らぬ個体のキツネを見た。患者ではなかった。家の中を走り回る本物の患者のキツネを不思議そうな顔をしてのぞき込んでいる。

数日後。倉庫は構造上、外と小さな小窓を通じてつながっている。その小窓は地面すれすれの所にある。

退院していった患者が困ったことがあれば帰ってきて勝手に部屋へ入り、食べ物を食べられるようにと、私ではない旅の建築家の男の設計で外の空気が出たり入ったりしていた。

部屋をのぞき込んだ野生が、おずおずとそこから体半分を入れたのを私は発見したことがある。

そういった、彼らにとって都合のいい文化はすぐに業界に広がる。自由に人間の住む空間に出入りし、しかも食いたいものを食っているやつがいるといった情報があっという間に自然のすみずみに広がったようで、見知らぬ個体を発見するのが珍しくなくなっていた。

でもカミさんがどこかで会ったことがあると言ったキツネはその手のものではない。

そして気がついた。

彼女……その個体は雌であった……は二年前退院していった元患者であると。

母キツネの精神的不安定に原因する狂気に殺されかけたため運び込まれ、それぞれの物語を残して自然の中へ退院していった個体であった。

そこでと我が家人の困った性癖がヒョイと顔を出し、その雌ギツネを特別な目でみるという日が続いた。

やってくれれば肉片を冷蔵庫の中から探し出して与える。倉庫の真ん中にある大型のス

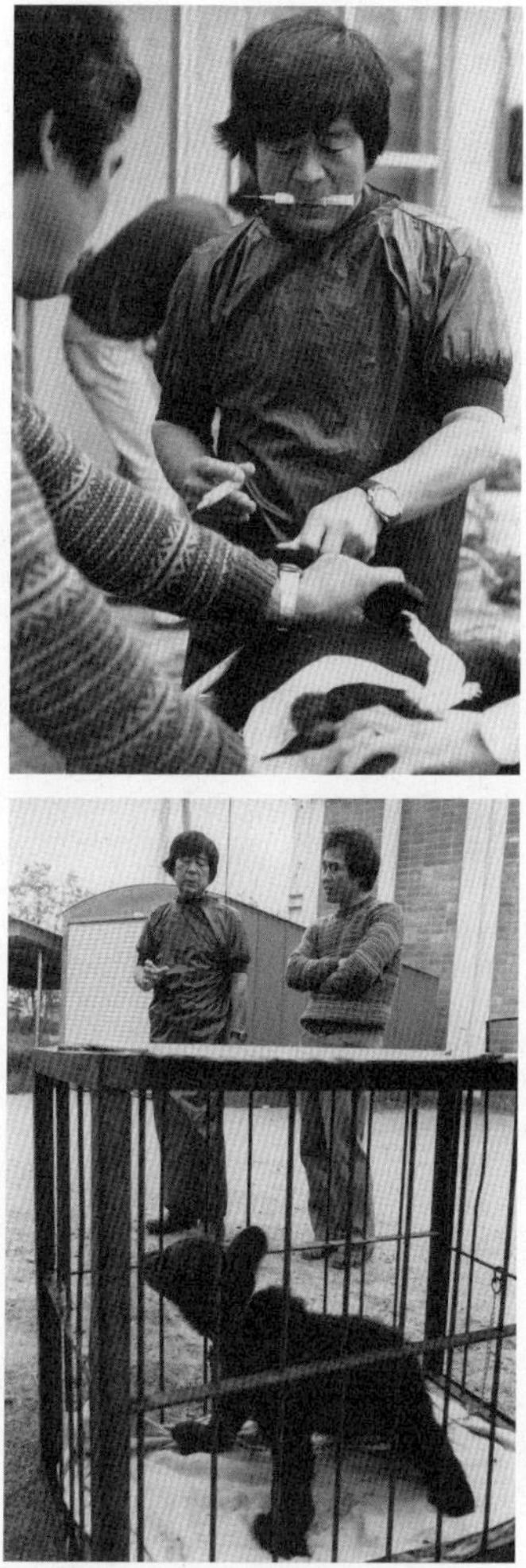

私の仕事姿

トーブの上に残る前夜の食べ残しソーセージ、焼魚はそのキツネのためにわざわざ残したのではないかと思われる程量があった。

それを窓を開け投げ与えることもあった。

ある夕べ、カミさんが子ギツネを連れていると言った。見ると二頭の子ギツネがいた。そしてもう一個体、二頭の後ろ数メートルのところにひっそりと立つ、例の元患者であった。

「なんという手抜き……」と私。

「エルザみたい」とつぶやいたのはカミさん。

彼女はジョイ・アダムソンの『野生のエルザ』を映画で観ている。野生に復帰したエルザが子どもを連れて里帰りをした場面にきっと涙したのだろう。

そのキツネの親も、育ての親、恩人、または一番大切に思っている人に子どもを見せに来たに違いないと言うのだった。

悲しいことだが、生物学を学ぶはしくれと自称する私の見解は少し違った。

きっとその個体は倉庫で手に入れた食べ物を巣穴まで運ぶ作業をやっていた。ところが巣穴までの労力を思うと、子どもを連れて行った方が運ぶ往復の労力がはぶける。この手でゆこう……と考えたか、野生動物の子は親の足跡をたどって親の世界を学ぶ。それをやったら倉庫にたどりついたといったことかもしれない。

でも少し野生について冷静に見ようとする学者モドキの私は意地悪に前者をとった。「あれは親としての手抜き行動である」と。

夫婦の小さくはない意見の違いなんぞ、どこ吹く風と、野生は確実に第四倉庫を自分たちのものと決めたようなふしがあった。


私の使っていた車がサファリだった時代の話。

これは長く乗った。走行距離が三八万キロを超えた頃、京都大学の河合雅雄《かわいまさを》先生が立ち寄った。空港まで迎えに行った車がサファリであった。

その走行距離を見て「ほう、がんばってますなあ、もう月までの距離を走っている。これは大事にしましょう」といって帰っていった。

ということはその車も倉庫の一員であり、一風景ということになる。

ある時、キツネがボンネットの上でよく寝ていると客の大脇和彦《おおわきかずひこ》君が言った。大脇君は当時医学生であった。六代続く医者の家系で彼が卒業し医者になれたら七代目ということになる。考えると江戸時代から続く家業だ。

彼はよく遊びに来た。

最初の出会いはアフリカであった。一九七六年ケニアで会った。三度目のアフリカですと自己紹介をした。まだ中学生だった。

以来、時々やって来て、大学に入学すると毎年来た。そして一〇日程遊んでゆく。別に何をするでもなく、北の自然を楽しんで帰った。

フルートを持ってきて、入院患者に聴かせていた。

私たち人間が忙し過ぎてゆっくり聴いてやれなかったので彼は仕方なく、キツネやタヌキ、ノウサギやノネズミに、私が聴くかぎりにおいてはうまい音色で退屈? な入院生活にいろどりを添えてやっていたように見えた。

その大脇君が発見したボンネットの上で寝るキツネも元患者であった。どうやらボンネットの上はエンジンの余熱で暖かいらしく、いろんな動物たちの休み場所だった。

そんなある年、例によって野人に近い人

温かいボンネットの上は、動物たちの休み場所だった

間の倉庫の利用が続いて強制退院を強いられたタヌキが、自由への旅立ちを拒否し続けていた。

いくら追い立てても次の朝には外のケージの周辺をウロウロしていて私の行動をチクチクと責めた。

自然へ帰ってもらわないとお縄がかかると私は外で使う箒《ほうき》なんぞをふりまわし、退院願った。

そのうち時々私の目にはふれたが、倉庫のそばの緊急用給餌台にそれ程現れる様子もなく、自立は確実に進んでいるようであった。

その年の夏、大脇君がやってきた。今度はオートバイでの旅であった。

例によってフルートの音を倉庫の周りに流してキツネやリス、小鳥たちと会話をしていた。

いい風景であった。

ある午後、その日私は休日であった。

大脇君が所用ができたので車を貸してほしいと言った。雨であったのでオートバイでは不便だろうと私はＯＫを出した。

「では……」といって大脇君は私の渡したキーを手に外へ出た。

直後である。

いた。


「あっ、コラ、コラ」と大きな声、悲鳴に近かった。

何事かと私とカミさんが飛び出した。

大脇君が片足をあげて何かを蹴ろうとしている。そのあげた片足のそばには生き物がいた。

毛を逆立てている。そのために大きく思えた。タヌキであった。怒ったタヌキである。

私たちはこの作業を始めて長い。

患者たちから攻撃を受けたことはいくらでもあった。手術中のヒグマに撥《は》ねられて二メートル程飛んだこともあるし、カミさんはタヌキに十数針の咬傷《こうしょう》を受けたこともある。それも一、二度なんぞの少ない数ではない。

しかしタヌキの攻撃には皆泣かされた。

いったん攻撃のモードに入るとタヌキはもう自分では自分のコントロールが全く利かなくなる。相手を徹底的にやっつけるまで攻撃は続く。その間自分の生命がどうなってもいいといった行動をとるのだ。

これで長男も痛い目にあっていた。

そのタヌキが大脇君に向かっていったのだ。青くなったのは私たち夫婦の方だった。

七代目の後継者に対してなんという振る舞い。私はいつも使う箒を出して参戦した。

全てが終わって説明を聞いた。

敵は車の下から突然現れたといった。

どうやら暖かい車のエンジンの下で寝ていたら、ズカズカと近づいた男が車のドアを開けようとしている。それで……とタヌキの言い分を想像してみたがこれでは少しつじつまが合わない。

知らず知らずに彼がタヌキのシッポとか片足をふんだというのなら話は分かるが、大脇君の言によればそんなことはないと言う。

そして結論。

タヌキの虫の居処《いどころ》が悪かったのだ……と。

事件？　があってから私は少し注意するようにした。車の下をのぞき込むことが多くなった。

そして分かったことは、思った以上にそのタヌキが車のエンジンの下が好きだということだった。

三日に一度位は車の下で発見された。ひょっとしたら以前からそこを自分の居場所ときめていたのかもしれないと思った。

私がエンジンをかける度にあわてて逃げ出していたのだろう……とも。

新発見のチャンスは間もなくやってきた。

近くに住むお百姓さんが野菜を持ってきた。

そして「先生、この車もずい分乗ったのだからそろそろ新しいのと……」とつぶやきながら、中をのぞき込もうとした。

その時である。

車の下から動くもの。タヌキである。

そしていきなりお百姓さんのはく長ぐつをガブリと咬んだ。

「ヒェー」という声と「コラー」と叫ぶ声。私のコラーの方が大きかったことで大事件にならずに終わった。

エンジンの下の住人は私と他の人を区別しているのだった。タヌキは私の車を守ることが仕事であると決めていたふしがあった。

小さな集落で「先生の処はタヌキを番人として使っている」という伝説を生んだ。

いつの間にか、あの家は全てに気をつけた方がいいという言葉もつけ加えられていた。

月の内、半分は第四倉庫での生活を強いられるようになった。

そのために本来ならば第三と呼ばれた市街地で迎える友々に、第四の方へ来てもらうことになる。生活の多くがその小さな建物に移ってゆくのは必然と思われた。

これは家族にとっては大変なことだった。

どこまで負担に耐えられるかがそろそろ問題となりつつあった。

第四倉庫は東西に伸びる道路を通って大きな防風林をつきぬける所から、少しわき道に逸《そ》れた場所にある。

患者たちが自然へ復帰するためのリハビリのコースの途中にその道路がある。東西に区画された地のその道路を朝夕、太陽が通っていく。

基本的には朝と夕、太陽が昇り、沈んでゆく。そのため正確には、東西に通された道路は春分の日と秋分の日は道路の真ん中を太陽が昇り沈みする。

第四倉庫を少し出るとその道に出る。夏から秋、林の木々に葉が茂り、道路をおおうように伸びた枝々が道路を包みこ

人間と野生動物の自然の魔法の世界に酔いしれた

むようにしてトンネル状となる。

朝夕、そのトンネルの中で遊ぶ患者や手伝いの人々の姿はシルエットとなって童画の世界を見せる。

私はそれが面白くて、ある年の秋分の日から時間があれば日没前後、カメラを持ち出して記録することにした。

これは楽しかった。

ある秋。名古屋に住むUさんという女性が遊びに来た。鳥好きな方で、どこかで私たちの作業の話を聞いて手伝いたいと申し出たのであった。

お孫さんのお嬢さんと一緒だったので、我が家の末娘とよく遊んだ。

そして夕方、太陽が沈む直前から、三〇分間、私に夢のような別世界を見せてくれた。

人間と野生動物がこれ程に楽し気に遊ぶ姿を見たことがなかった。これはよかった。

はるかな昔にあった楽園の再現か、未来に手にすることの出来るそれの予行かと、本当にしみじみいい時間を持ったと思っている。それにしても、ごくありふれた風景が一寸したいたずらと生き物の登場で別世界に変幻する自然の魔法に私は酔いしれたのだった。

ずいぶんと長い時間がかかったが、これはひょっとすると私たち夫婦のなんとも無様な作業に対する御褒美かもしれないと思うようになっている。

第十六章

写真家もやったお百姓さんの話

正月はツルを撮ろう。いつの頃からか合言葉のようになり、行事化した。一九八〇年代だった。七三年には平凡社から「アニマ」という自然誌が発刊されて毎号全国の釣師ならぬ撮師が登場し、動物写真が一部の人々を刺激しブームとなりつつあった。

カメラの機材がそれに反応し、次々とその手の人々の心をくすぐる品物として進化した。

後にバブルと呼ばれた時代がそれを後押しし、その機材のレビューの場として北海道が選ばれていた。原始の匂いがまだ処々に残っている地であれば当たり前といえた。

しかし、動物写真というのはなかなかに面倒な分野といえた。

お金を払ってモデルになってもらうということにならないし、登場するまでねばって同じ場所に張り付くといったことをするにはこの国は忙し過ぎる。ましてや大金を積むからヌードになってくれといっても反応はゼロの相手である。勢いお金と時間を節約するために機材の進歩に「おんぶに抱っこ、肩ぐるま」となるのである。

その機材の最良の展示の現場が道東にあった。

阿寒町《あかんちょう》と鶴居村《つるいむら》である。

そして被写体がタンチョウと来れば誰も文句は言わない。言えば罰が当たる。相手は天然記念物である。

私なんぞは常々被写体と決めたキタキツネを追っていると、よくお百姓さんにうんざりした顔付きで言われる。

どうして「あんな嫌われ者の尻を追うのですか、せめてタンチョウなんぞにしてくれませんかネー」と。

そして決まって「釧路の林田《はやしだ》さんみたいに」という言葉を添付した。

釧路に林田恒夫《つねお》さんという写真家がいる。

アマチュアかプロかと問えば決まって本人は「アマです」となるが、誰もが腕はプロであると認めているし、ちなみに紹介すると日本銀行発行の夏目漱石の千円札のタンチョウの図柄は林田さんの写真を元にしたものである。この道の王道「心はアマチュア、腕はプロ」を実体化したような人物である。

ついでに林田さんの人柄を物語るエピソードをひとつ。謝礼として国からいただいたお金全額をツルの保護基金に寄付したというのだから、私なんぞは唯ひれ伏すしかなかった。

友が言った。

「もしお前さんなら全額酒に化けたのではないだろうか」と。

私はうなずいたのである。

その林田さんがいつの頃からか私の友人となった。そして私の末娘の名付け親となっていた。

当然倉庫の常連のひとりであった。

正月のツル詣では林田さんへの新年の挨拶のためと役目を変えていた。

そんなある年の正月、出かけた。一月二日のことだった。同行したのが鈴木泰司《すずきやすし》君である。

彼はお百姓さん。

そしてその日彼が持参したのは400mm F2.8というバカでかいレンズである。値段は口にするのも腹が立つくらい高い。年末に買ったと言った。

阿寒町のツル観察センターの現場は俗にいう長玉のオンパレードであった。500、800程度は標準レンズで、中には1200mmというバズーカ砲も並んでいる。

全国から集まった人々。その数二〇〇人をはるかに超えていた。腕を競うのか、機材を自慢しあいっこするのか定かでないが、ともかく大砲がずらりと並ぶ。

私なんぞの小さなレンズは恥ずかしくて出すことも出来ない。事実、その日はとうとう貧弱な自分の機材は出せずに人々の写真に対するエネルギーにひたすら平伏して終わった。

その日私が手にしたのは鈴木君の400mmであった。重く、王者の風格のあるレンズを三脚にのせ、その使い勝手をあれこれと試してみただけだった。

しばらくして鈴木君はその集団の中にいた知人のところへ出かけていったので私は気兼ねなしにその巨玉と遊んでいたら、ほどなくニヤニヤしながら帰ってきた。

そして言った。友の言であると断った。

「鈴木さんは弟子を持ったのですネー」と言われたと。

そして続けた。「どうせ持つなら、もう少し若い人の方がいいのじゃないかねえ」と加えたというのだ。

ニヤニヤの原因はそれであるらしい。

彼はその数ヶ月前、前述の自然誌「アニマ」に自分のテーマであるキタリスの生態についてのレポートが特集として掲載されたので、その日集まった人々の中で注目される新人写真家となっていたのだった。

でもいくら彼のレンズをながめ、さわってニヤニヤしていたからといって弟子というのは言いすぎではないかと私は言おうとしたが止《や》めた。時は流れているのであると自覚した。

白状すれば私も「アニマ」には創刊号を含めて何度か載ったが、カメラの機材と同様、この手の情報は出た時から古くなっていくものらしいと知って久しい。

止まれ!! 鈴木泰司君の話である。

彼の友は私を彼の弟子だと言ったが、実は私は鈴木君を勝手に弟子だと決めていた。私が初めて持ち、そして最後の写真の弟子だと。

いつの間にか弟子が師匠になっていたというのも悪くないという気分で帰った。

鈴木君は近くに住む畑作農家の長男であった。

当然農業の後継者で、それを写真なんぞ……と表現したのは私ではない。当時の農協の役員である……に狂わせるとはなんたる獣医となったらしい。

でも倉庫に集まる人々は少し違った。

魚釣りに熱中するお百姓さん、絵を描くお百姓さん、歌をうたう、詩をつくる、果ては自然保護運動に熱中するお百姓さん、ついでにいえば厄災の動物と嫌われたキツネが好きだというお百姓さんがいてもいい。むしろいた方がいい農村であると考える人がほとんどだった。

ましてや金食い虫……と表現したのもその役員であった……の写真好きのお百姓さんがいてもと私は思ってしまったのであった。

最初は写真同好会みたいなものをつくろうかなあくらいのものであった。

そこでと数人のそれらしき人を集めて……となったのだが、結局最後は単なる酒好きの会みたいなものになった。

今思えば残ったのが鈴木君だったということ。理由はいろいろあるが、私が写真好きというより、当時夢中になっていたキツネの調査の記録の道具として写真の持つ機能に目をつけただけで、写真の持つ自己表現力とかいったものにはほとんど興味というより知識がなかったからだ。

そのために同好会といっても結局生物好きの集まりになり、それ以上の進展がないということに、彼以外は早々に気づいてしまったのだ。

鈴木君が被写体と決めたのがキタリス。そして結局、創作・表現というより、

鈴木家の家族

生き物としての生態、行動を記録するという作業に終始することになったのは、師匠と自負する私の写真に対する勉強、理解不足にあったのだと今でも思っている。

要は彼は私と同様、まずやったことと言えばキタリスの一日を観察することであった。相手を知るということから始めた。

動物をテーマにした場合の王道、まずそこにあるということを認識することからの出発。

これは時間がかかる。

現在《いま》みたいな情報社会であっても、それはあそこに行けば会えると知って出かけてもまずは会えないのが普通である。

出会うという簡単に思えることすら天運ということになる。運を天にまかせるといった宗教家みたいな気分にまずなることを強いるのである。

相手にリズムがあることを知り、そのリズムに自分を合わせることから始めるこの作業は気の遠くなるような時間を要求する。

だからテーマを決めるとまず五年、一〇年は当たり前となるのである。その内に同じテーマを持つ人に出会い、自分の未熟を知る。相手との落差が大きいと、あきらめるという選択肢が登場する。テーマを変えるということもある。追うべき被写体の変更だって考えられる。

ところが鈴木君はそれをやらなかった。

隣のものにカメラを向けるといったこともやらなかった。

彼の通う林には、俗に言う絵になるものはいくらでもあった。

タヌキに会いました。フクロウの巣があります。シマリスが子育てをしています。キノコの季節ですと袋にいっぱいムラサキシメジを持ってきたこともある。そして言った。

「キノコも面白いですネー」と。

でもタヌキにもフクロウにも、キノコにも色気を示さなかった。

要は浮気は全くしないのであった。

それはそれで少し私を心配させた。

表現したいという気持ちは曲者《くせもの》である。新しい機材を買う時の理由になる。

あれがあるとこんなことが出来る。それが撮れなかったのはこれがなかったせいだと、次々と登場する。

おかしなもので、単なる趣味ですと言っていたものがある日大手をふって歩き始める。

単なる、ではなくなり、あれが自分の生きがいですなんて平気で口から言葉を押し出す。

そして決まり文句。

「あれがありさえすれば……」なんて口ばしり始めると、もう周囲の者に被害者になることを覚悟させる強権を平気で登場させる。

堂々600mmの望遠を、いや、単眼があったなら、F2.8くらいの明るい長玉をなぞと口ばしり始めたら、私に一報下さいと彼の奥方に申し込んでいた。鈴木君の奥さんは私の職場というより獣医師として大先輩である人の娘さんである。結婚の時、頼むよと一言言われたことがいろんな意味である種の重しとなっていた。でも心配する程のことにはならなかった。

機材の更新もゆっくりとしたものに私には見えたし、それ以上に彼は新しい機材の代わりに彼自身を進化させたようだった。

彼は彼のフィールドの中で、自分自身の気配を消す技術を身につけたらしい。

被写体であるキタリスの仲間入りをしたのである。友達になる作戦の成功である。

その証拠に、私は何ヶ所か

鈴木泰司さんはキタリスと友達になった

の巣穴を見せてもらったことがある。

経験した人なら誰でも語る話であるが、リスの巣穴探しは難しい。秋から冬、林に入る人間の動きをそれ程には気にしていないように見えた個体が、繁殖期である春の終わりから初夏にかけては別個体に見える程、用心深くなるのである。特に子どものいる巣の周辺では、つけてくる人間を、あの手この手で迷わせる。五〇メートルも離れた地へさそい出したり、同じ所をぐるぐると何度も行ったり来たりしながら、尾行する者をきりきり舞いにさせる。

その季節、北海道の林は蚊の天下である。汗だくになって追跡する人間に待ってましたとばかりに献血を要求、群がる。

そのため私なんぞはいつも早々にリスの巣探しはあきらめてきたのだった。ところが鈴木君には、リスたちがそれ程に抵抗は示さないらしい。

被写体に接見を許してもらうことが出来れば、まずは八割方成功と言われる世界である。

彼は被写体と友達になることで機材を最小限とした。

必然的に動物写真家は研究者になると思っている。撮る前にする作業は全てフィールドワーカーの作業であると言っていい。単なる表現者とは違う、もうひとつの資質の有無が問われているからだ。

ある時、彼は夜も一緒にと考えたらしい。私はお化けが出ると今でも信じているので、あれ程長い期間キツネを追ってきたのに夜の行動を観ることをさっさとあきらめた。暗闇の中で光る二つの燐光《りんこう》にも似た眼に会えば、キツネのそれより人魂と思ってしまうに違いないと自分でも信じているからだ。

ところが彼はリスの巣のある大木の下にテントを張った。

次の朝。

「夜の林は賑《にぎ》やかでした。キツネ、タヌキ、シカ、イタチ、それにたくさんのノネズミの足音でうるさくて眠れませんでした。林では夜毎動物たちが運動会をやっているようです」と。彼は足音の多さに怖くなってテントの外には出られなかったと言った。

それを聞いただけで私は、夜はやっぱりだめだと思った。私ならその足音を別なものと妄想して震えあがるに決まっているからである。

一九八七年三月。鈴木君は写真集『リス 森の妖精』を出した。平凡社からである。

私たちは小さなお祝いの会を開いて皆で喜んだ。

一九七八年以降、立て続けに共著も含めて二冊、合計三冊の本を出版したのである。

写真集のおびの部分に「1人の写真家が追いつづけた記録」とある。

私はうれしかった。写真を撮るお百姓さんの誕生に「やったー」と両手をあげていた。

当時、本、特に写真集を出せるのは都市の人と言われていた。いつもそこにささやかな抵抗を感じていた。田舎人でも出せる時代がきっと来ると酒に酔うとクダをまいた。

もし倉庫に録音機でもついていたら、毎回同じような結論が出て酒の会はお開きになっていたはずである。

道東の小さな倉庫に集う人間たちはほんの少しの青

鈴木泰司さんが被写体と決めたのはキタリスだった

雲と、かかえ込んだコンプレックスの谷間のなかでゆれ動いていた。

私があの地を離れて十二年、先日久しぶりに会った。鈴木泰司さんは今でもキタリスとつき合っていると言った。

事情があって大型の農業はやめて生花を中心とした楽しむ農業をやっていると話していた。

その家の屋根裏に今年もキタリスが巣をかまえ、子どもを育てたとも語ってくれた。営巣木の下にテントを張らなくても、寝室の中から子育ての生活音が聞けるなんて夢のような世界である。

これもまたうれしい話である。

キタリスは冬眠せず、雪の中を元気に走り回る

第十七章

悪化する疾病、アフリカ病

二〇一六年暮れ。小川巌さんの子息が起業した。

その立ち上げパーティでひとりの女性を紹介された。どこかで会った顔だと思った。それが小倉《おぐら》寛《ひろ》太郎《たろう》さんの娘さんと聞いて納得した。小倉さんの資質があちこちに見えてなつかしかった。

小倉寛太郎さん。一九七六年、私が初めてアフリカ旅行をした時にご一緒した人である。当時、日本航空のナイロビ支店長と聞いた。

ところがナイロビに着いて知ったのだが、日本航空はナイロビには飛んでいなかった。自社機が一機も飛来しない地に支店があるとはさすが国有……当時日本航空はそのほとんどの株は国家が所有すると聞いていた……とうなずいたものである。きっと将来を見据えてのプランのひとつだろうと感心したものであった。

ところがそんなこととは全く関係なく、日航の労組の委員長であり、ある政党の党員であったという理由で、そこにいさせられているのだと知って腹を立てたのだった。国家に過酷な人生を強いられた人であった。

山崎豊子の『沈まぬ太陽』の主人公のモデルとなって人々の知ることとなるのはずっと後のことである。

草の海と呼ばれるセレンゲッティ国立公園のまん中で動かなくなった車を皆で汗だくで押した。旅の前に金は支払ったのに「今朝は粉がなくてパンが出せない」というロッジの支配人に掛け合って、では代わりに卵をひとつずつと言うと、相手はそれもないと胸を張る。最後は「ない、ない、ありません」と言い張る。「……では何があるのだ」と聞くに支配人は顔色も変えずに「時間です」と答えたという。アフリカには時間は無限にあると言うのだ。その言葉に私は私たちが失ったものを知った思いであった。その顚末を同行の皆に楽しそうに話した時の笑顔を私はいまでも思い出す。小倉さんはアフリカが大好きだった。自然も人も時間も全てが。

私がその後長く続くアフリカ病に罹患したのは、この時だった。小倉さんのせいである。最初に小倉さんとの旅があったからだといまでも思っている。

でも私自身にその素地はあったと思われる。要はその疾病に対して病弱であったといえる。

私たちの少年時代、田舎であったせいか社会の窓は本であった。丁度長い鎖国の江戸期、長崎の出島という小さな小さな窓から世界を覗《のぞ》いていた少年期の日本と同様、私たちにとって本が出島といえた。

誰もが貧しかった時代、限られた小さな本という出島で大きくなった。開かれた窓は小さく少なかった。それしか買えなかったのも理由。本そのものが少なかったのも、もうひとつの理由といえた。

そんななかで友々で回し読みされたのが『少年ケニヤ』であった。作者は山川惣治《やまかわそうじ》。面白かった。誰の持ち物か、私の所に回ってきた頃は定かでなかった。だが九州の片田舎の少年たちはいっぱしのアフリカ通になった気分だった。

私たちは想像した。当時は手に入らないことが当たり前だったので何でも想像した。夢想した。妄想した。

やがて自分もゾウの背に乗り、悪を退治するのだと本気で考えたり、夢を何度も見た。少年の特権で夢の中では空も飛ぶことも出来たのだから、ハゲワシを追いかけ、フラミンゴと一緒に旅することだってあったのである。

友と時々、夢見たことを話すと同じようなものを見ていたと知って妙に興奮した。

後年、獣医師になろうと決心したのも、まあ、言ってみればその夢の続きと言えた。

小倉さんとの旅が終わって平凡社刊の自然誌「アニマ」にその旅行記を書くと、ある旅行社からアフリカツアーをやりませんかと誘われた。

悪くないとすぐ応えた。「ギャラはありませんが旅費は当方で……」とつけ加えることを相手は忘れなかった。

それでも少年ケニヤの主人公「ワタル」の気分になれるのならと心弾むものであった。旅は毎年企画され私はいそいそと出かけた。

一九八七年、初夏。

第四倉庫に一組の来客があった。

数年前から内水護博士の理論を使って環境問題に取り組んでいる全国のお百姓さんの活動を記録するという作業をやっている小泉《こいずみ》　修吉《しゅうきち》、惣川修さんの二人に、野上《のがみ》圭子《けいこ》さんという女性。そしてもう一人、アフリカ人のムライリさんという四人である。ムライリさんはザイール共和国（現・コンゴ民主共和国）の日本大使である。

大使という肩書きを持つ人物を迎えた

第４倉庫に集った小泉さん、ムライリさん、野上さん、惣川さん（左から）

ことがない私はごくごく普通の対応しかとれず、夜は倉庫の炉を囲んで焼肉パーティをやっただけだった。

野上圭子さんについては一度、噂として聞いたことがある女傑で、フランス在住なれどアフリカ通とも聞いた。ある日本のミシンの大手企業が倒産した時にいち早くかけつけ、手にいれることが可能な足踏みミシンを購入、アフリカの人々にプレゼントして喜ばれたという実績があった。

当時のアフリカでは停電することが当たり前だったが、全く電気の通っていない地でも人々には立派な足がある。その人力を使ったミシンは手押しポンプと同様、アフリカの人々にとっては神器といえた。

それをプレゼントしたのだから人々からの信用は桁違いだ。

小泉、惣川の両氏はテレビ人という前に、私には六〇年代を同じ場所、同じ目的で戦ったという妙な連帯感があった。いわば同じカマの飯を食ったという仲である。

お酒を飲んだ楽しい一夜となった。野上さんがいてザイール大使の歓迎の意味もあればアフリカの話が中心となるのは必然だった。

そしていつの間にか、ザイールへ行きましょうとなっていたのである。

小泉、惣川のテレビ組は最初からその予定はあったかもしれないが、野上さんや大使のその気は盛り上がった雰囲気のなかで生まれたと私は勝手に思っている。

一九八八年、一一月。私たちはザイールへ出発した。惣川さん、野上さん、そしてカミさん。あとはテレビクルーの二人。カミさんにとっては初めての海外、当然アフリカも初であった。

ザイールの東部、イツーリの森を中心としてオカピの調査及び馴化《じゅんか》を試みる研究者をたずねるという番組制作のためである。ついでにヴィルンガ国立公園取材、そしてもう一本、東部の酪農地帯を獣医師の目でみるといった三本の番組制作が目的であった。

私には全てがワクワクする番組作りであった。特に獣医師である私には、海外の、それもアフリカに酪農という産業がなりたつのかといった漠然とした思いがあった。ケニアやタンザニアで多く見られるマサイを中心としたそれは酪農というより、ある意味富の象徴、ステータスとしての牛飼いではないかという思いが常にあったからだ。

そこでキブ湖を中心とした東部には酪農組合もあると聞いて「チャンスがあれば就職したい」等と口走り、周りを困らせた。

ザイールはベルギーのレオポルド二世の私有地として他に例を見ない程の暴政の苦しみを味わった歴史を持ち、その反動からか各種の独立運動が起きたが安定せず軍司令官モブツの登場、その二〇年にも及ぶ強権によってしばしの安定を迎えていた時期もあったが、私たちが出かけた頃はその独裁政権の最後の方で、モブツに忠誠を誓う証としてモブツの顔写真を大きくプリントしたTシャツを着た公務員の姿があちこちに見られた時だった。

首都キンシャサの大通りもこれが首都かと思わせるくらい、静かで人通りは少なかった。

治安は思ったよりよかった。

前夜、野上さんの協力によって日本で言えば通産大臣の家での夕食に招待され、次の日、キンシャサのシティマーケットを撮影する許可をもらっていたのでカミさんとカメラマンの三人で出かけた。

マーケットは目をみはる程面白かった。

サルやヘビ、鳥たちが売られている。皆、燻製《くんせい》である。

前年コンゴ河を源流部からキンシャサまで下ったことのある同行のカメラマン

この写真のあと逮捕された

氏の言によれば、長い船旅の間、現地の人々と必要なものを物々交換し、肉などの生ものは船の中で燻製にするのだと聞いた。旅の間、船はいつもエンジンの煙と燻製作りの煙につつまれ、遠くから見ると火事を起こした船が行き来するといったような風景が日常だったという。

マーケットは一日いてもあきないだろうと思われた。

だが一〇分で終わった。

私が数枚のシャッターを切った時点で逮捕されて終わった。

そこは撮影禁止なのだそうだ。

前夜のこともあり、許可を得ていると言っても、どうやらマーケットの支配者が別にいるらしく、全く相手にされない。カミさんとカメラマンはカメラを持っていなかったので建物の外。私は立派に留置場の内側だった。

二時間くらいで放免となったのはその日の昼食を例の大臣と約束していたので、そのことを外にいるカメラマン氏ががんばって伝えたらしい。私は四枚の写真だけを記念としてカメラの中に残してマーケットをあとにした。

この時になってこの国の公用語がフランス語であることをいやという程知ったのである。

マーケットへはホテルからタクシーを使う。このタクシーが車の形はしているのだが、座席は固定されていない。ブレーキをかける度にズズズーと前へ移動、それが急ブレーキだとドカーンと前の座席に移動、私たちの両足をいやという程痛めつけた。そこでと両足をふんばり、少し腰を浮かせ、両手を前方にしっかり伸ばして乗るという姿勢を強いられた。

片道四キロ程だったが疲れ果てた。

途中スコールが来た。熱帯、それも赤道直下のスコールには凄《すご》みがあった。当然前が見えない。車は止まるか減速すると思ったのに運転手氏は知らん顔でアクセルを踏み続けている。

ワイパーはと見ると、どうやら動かないらしい。

カミさんが「ワイパーが動かないのかしら」とつぶやく。

彼はそれに反応した。どうやらワイパーという言葉は通じたらしい。

後をふり向きニーと笑った。やけに歯の白い黒人だった。そしてスイッチへ指が伸びた。ワイパーが動いた。

だがフロントガラスにワイパーの痕跡として二センチくらいの帯が画《えが》かれただけだった。

ワイパーの金具に残ったゴムの部分が二センチだと、そのフロントガラスの帯は物語っていた。

それでもドライバー氏は自慢気だった。そう言えば両サイドのバックミラーもついていなかった。盗まれたと氏は言ったが、あとで野上さんに聞くと自分ではずして売ったのだろうという結論になった。

全てが貧しくまだまだに見えた首都の顔だったが、ホテルに飾られた仮面や彫刻などは驚く程高度の伝統文化を表現していたし、レストラン、バー、ホテルで静かに流れる音楽は実に心地よく、コンゴ・ジャズと称されるザイールの音楽に私はこの国の持つ文化の奥深さに舌をまいていたのだった。


東部ゴマ。私たちの目的とする旅の基地となった。

活火山ニーラゴンゴがすぐそばで、一〇年余りの周期での爆発的噴火によって数々のドラマを生み続けている町である。その町から北へ。小型飛行機をチャーター。

目的地イツーリの森のあるマンバサへ。

目的地近くになってパイロットが、どこかにあるはずだと何度もつぶやく。空港のことである。

やっと見つけた。草ボウボウの牧草地の親分みたいな地で、その広場のすみに掘立小屋みたいな小さな建物があるだけだった。

ところが着陸して驚いた。一〇〇人近い出迎え？　の人である。聞くと単なる野次馬だそうだ。でも人々の着ている物のカラフルな色彩にこの国の人々のある種の感性に一目おく。

ザイールの文化はどうやら本物らしい。

イツーリの森の住人、ムブティのおっさんの話。

ムブティと呼ばれる人々はかつてピグミーと称されていた。大人でも一四〇センチはまず超えない。森の民である。

イツーリの森でオカピの馴化という重要な仕事をしていた。森の民と言われるだけあって、イツーリを隅から隅まで知りつくしていた。

オカピの飼育に必要な食料、八〇種の植物を毎日採集し、ベースキャンプに集めるのを仕事とする一群とご一緒する。

ザイール（現・コンゴ民主共和国）の東部、イツーリの森に生息するオカピ

私たちを案内するおっさん。名はないというが私はそんなことはあるまいと考えた。でも呼ぶ時に困るのでおっさんと勝手に名づけた。

森の案内のベテランと言うが、とにかく寄り道が多い。

アリの巣を見つけたといっては座り込む。

何だと聞くとアリと話をしていると言って進まない。あげく、そのアリを巣ごとごっそり掘り出し、木の葉につつんで背負ってきた。

明日これで魚を獲る。ダンナにごちそうするからとニーと笑った。

ハチの巣の前、バッタ、果てはヘビが間もなくここを通るからといって座り込む。

私たちはオカピのための仕掛け罠《わな》を見るために出かけたのに、そこまで今日中に行けるか心配になっていた。

私たちがそう心配する度におっさんは手を左右にふり、ハクナマタタ（スワヒリ語で心配ないという意味）とおっしゃる。スワヒリ語が一部使える地で少し助かるのだが、この言葉が通じると知るとなんでもハクナマタタと言った。

その内ハクナマタタおっさんと呼ばれた。

おっさんはいつも裸足《はだし》だった。ショートパンツにTシャツ姿。そして時々私たちの出《い》で立《た》ちを見て笑った。

「そんなに寒いか」というのだ。

寒くはない、赤道直下だ。暑い、暑過ぎるのだが裸になるには勇気がいった。ヒルがいる。蚊がいる。ヘビがいる。毒虫もウジャウジャ……のはずだ。そのために足は長ぐつの中で二重のクツ下に包まれている。上着もTシャツの上に少し厚地のカッターである。野上女史は手袋もした。

しかしある時、おっさんも人間である、毒にも感受性はあると気づいた。自分たちだけ重装備なのがバカみたいに見えてきた。

そこでと私はおっさんを真似た。

何とも快適なのだ。風も空気もまるで違った。大地も落葉でひんやり、しっとりと裸足をつつんだ。

その時私は本当のアフリカに来たと実感したのであった。

ムブティのハクナマタタおっさんが大好きになっていた。

アフリカは動物や自然だけではなく、実は人間がすごく面白いのだと思い始めていた。

私のアフリカ病は重症化していた。

気づくと北の倉庫がいつの頃からか、アフリカ病病棟となっていたのである。全国から自称、他称の患者が続々と集まって我がアフリカ病病棟は一時期、小さなアフリカ会議なら開けるのではないかと誰かがつぶやいていた。

第十八章

バクテリア調教師の弟子、奮闘する

昨年暮れ。一〇回目を迎えたある団体の農業賞の表彰式に出かけた。私はその賞のある部門の審査員をやっている。

その会場で、日本初のアニマルウェルフェア認証食品の誕生を知った。

そうか、日本もやっとその時代を迎える人々が登場したのかと、時が流れているのを実感した。

一九八二年、私はドイツ、ゲッチンゲンに所用があって出かけた。ついでにと言って、フランス、イギリスと足を延ばす。

ドイツで友に会う。戦場になった割には良い自然が各地に残っていて、人工的だとはいえ歴史の重みみたいなものに満足し酔っていた。

コムクドリをやりたいと私の倉庫にやってきて、私は日本語、彼はドイツ語だけの会話で、一週間もごく普通に過ごしたことに周囲を仰天させた当の研究者、W・ティデ博士とゆっくり通訳を入れて語ったところで分かったことだが、第二次世界大戦で多くが焦土と化したドイツがその復興に情熱をそそいだ現場が各地にあって、人々の気持ちに寄り添う風景を造ることに専念した結果だと言い、自然の創成が可能なのだということも教えられた。

その時に隣国のフランスではアニマルウェルフェアの思想が登場し、それの具現化に向けた法整備が始まったと知ったのである。

「アニマル、ウェルフェア」……「動物の個体の日常が苦痛、不快のない喜びに満ちた状態」であるのが普通であると考えようという思想らしい。らしいというのはなんとも幅がひろい分野で論議されているからであり、哲学、倫理学、動物行動学、それに宗教学も参加するのだと説明された。

要は動物たちというより家畜たちの幸せについて考えようと始まった……これも、らしい。当然家畜が主たる対象となっている。これは、らしいではない。

私は面白くなったとウキウキした。

大体フォワグラの本国の話である。強制給餌によってある臓器を病的に変化させ、それをうまいうまいと食っている人間共がどう反応するか見たいものだと。ぜひにフランス人に聞いてみたかった。

現実にフランスに行ってみると、この思想はそれ程新しいものではなく、広い放牧場には日陰を生む雑木林が必要であるといったある種の制度……家畜が家畜らしく生活できる快適空間を用意すること、という法も存在すると聞いた。

牛舎も私の知る日本に比べたらまず悪くないと思えたので、この思想や、法の整備は意外に早く実現するのかもしれないと思って帰った。
新しいことにはすぐ病的に罹患し、一度は倉庫に集まる友々と論議せずにはいられないという性分の持ち主である私が、その後の成りゆきをあまり記憶していないのは「我が国にそんなバカな思想が入り込む余地はない」と一蹴されたからに違いない。

バクテリアの調教師内水護博士が登場し、倉庫の住人、客人だけでなく我が家に関係する人間、それも子どもも含めて全員がションベンの洗礼を受けた頃、私たちは農業の近代化という暴風の只中にいた。家畜の頭数が急激に増え、省力化という呪文に背中を押されて農薬の使用量が増加することが近代化だと思われる程とな

環境の悪化を伝える新聞の切り抜き写真

った。

そんな中での内水博士の登場である。あらゆる現場に博士が自然のなかからつまみ出した「自然浄化法リアクターシステム」という、当時としては少し魔法に近い技術に、私たちがのめり込んだのも無理のない話であった。

農村の農業のど真ん中に生きる人間ゆえに、環境の激変に危機感を覚えていたのである。

春の初め、季節の便りと吹く強い南風、それを人々は馬糞風と呼んだ。開拓の初めから町内どこでも馬がいた。その証拠として、道に糞が転がっていることは珍しくはない。その馬糞をその南風は転がすのだった。

近年、その風は土を吹き飛ばした。天空に舞った土のため日中でも車はライトをつけたし、播《ま》いたばかりの馬鈴薯《ばれいしょ》の上にかぶせた土をどこか彼方に吹き飛ばした。

寒冷な地の表土は一センチの厚さに成長するにはゆうに一〇〇年以上を必要とした。そんな大事な表土をその南風はいとも簡単にどこかに追いやるのであった。北側にオホーツク海を抱くようにした我が町の表土は春のひと吹きで、場所によっては数百年分がオホーツクの海に消えていたのである。

土の中のバクテリアが、投下された肥料や農薬の化学物質のために死滅し、そのため土壌の構造がくずれ飛びやすくなったと説明される。

同じ頃、水産業の現場でも問題が噴出していた。川の水質悪化であった。水質基準をクリアできない河川がチラホラ出始めたのだ。

原因ははっきりしていた。増やせ増やせの合言葉で増えた家畜は当然のことながらウンチやオシッコといったものも環境の中に増加させた。牛舎だけでなく狭い空間を強制される豚舎では、発生するアンモニアで場所によっては息のできない程の所もあった。それが家畜たちに強いストレスを与えていたのだった。今こそ日本にもアニマルウェルフェアの思想が必要と痛感させられていた。

糞尿も本来ならばそれ自体は生産資材として再利用され土に重要な役目を果たすはずなのに、なにせ量が多い、いや多過ぎた。そのために温度の低い北の地では資材として利用するには時間がかかり過ぎ、もはや、産業廃棄物としてどこかに処分するしかないとの考えが登場しつつあった。

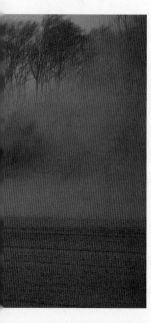

それは土壌の力をますます劣化させるという悪循環のシナリオとなって、私たちに対策をせまってくるのだった。

まさに川上の倫理と川下の倫理がぶつかり合い、いつ双方が法廷の場で対峙《たいじ》しても不思議のない雰囲気のある時代を私たちは迎えつつあった。

折出保正君は私の勤める診療所の技術職員である。診療所のある町から西へ七〇キロメートル程の佐呂間町《さろまちょう》の出身。農家の長男である。

地元の高校在学中、好きであった家畜の世界へ進みたくて、休学しホクレン家畜研修牧場へ入場。そこで家畜人工受精師の資格を取得、そして私たちの職場の職員となった。

土を吹き飛ばす馬糞風

体が小さいので中学生を採用したような気分になったが立派な大人。すぐに隣町にある夜間の高校への転入手続きをして、高校生の身分で職員となった人である。私は保護者として二回学校へ出向いた。自分の子どもたちの学校には一度も行かなかったのに、とある時気づきおかしかった。

彼は酒が飲めない。

そんな人間がこの世にいるかと卒業式の夜、皆でお祝いをしたらそれは本当だった。それが証拠に会場からの帰途、彼を乗せた先輩職員の車は被害散々で、すすめた私たちは全員しょんぼりとなったのである。

酒を飲まないということは時には雑用係となる。

内水博士を定期的に呼んで開く勉強会が終わると、彼は決まって酔った博士を宿へ運び、ついでに私も運ぶという損な役回りを引き受けた。

ところがその間に、彼はいろんなことを聞き出していた。

一年後、勉強会が終わる頃、彼は内水博士の内弟子みたいな存在となって、難解な論理の理解者に変身していた。

内水理論は工夫することで次々と新しい分野への展開が可能であった。彼はそのことに気づき、自分なりの創意工夫を繰り返していたふしがあった。後年、農協が持つ工場の澱粉製造過程で出る二〇万トンのデカンタ廃液を液肥化し、五〇〇〇ヘクタールの畑に散布するという壮大な計画設計をやったグループの中心人物となった。

当時、すでに診療所を退職していた私はその技術の進化を面白がって、実験場所を探すためにあちこちをとび回っていた。

内水博士の思想に則《のっと》って、この自然浄化法リアクターシステムという技術体系は企業には売らないことにして、あらゆる分野に広げようという運動となって多くの消費者の支持を得たかにみえたが、その展開にはそれなりの思惑も交差して、継承者たちの離合集散がくり返されるようになった。

その中でも折出君は頑固に自分を守っ

三浦さん（左）と折出さん（左より三人目）。“頑固者”のお二人

て、そばで時々相談を受ける私を困らせたりはした。だが一貫して変わらなかったのはこの技術に対する信頼と彼自身の性癖だったように思える。

技術屋の大切な資質、頑固者の元には頑固者が集まる。

三浦圭司《みうらけいじ》さん。当時社団法人根室管内さけ・ます増殖事業協会の専務であった。前述したように水産業の現場の人々の水質に対する危機感覚は並のものではなく、それが現在の豊かな水産業の基礎となっていると私は信じて疑わない。

何度も勉強会をやった。漁業者ばかりでなく、農業者もだき込んでの勉強会である。

一九九八年、相談を受けた。

流域の酪農家に糞尿の処理プラントを作ってあげたい。そこを見学コースとして共同で運営し、周辺の酪農家に水質保全の重要性を訴えたいというのだ。

川下の漁業者が川上の農業者にモデルプラントをプレゼントするという作戦であった。簡単に言うが並の金額ではない。一〇〇〇万はゆうに超えた。

その事業展開に理解を示したなかにもうひとりの頑固者がいた。馴山修治《なれやましゅうじ》さんである。

川下と川上の合同勉強会を強く進めた人であったと思っている。サケ・マスを中心とした定置網の網元である。

二人は折出君の良き理解者であり応援者であった。流域に木を植えようという運動を長年やっていて、二人の住む根室標津《しべつ》を中心とした地域HACCP（ハサップ＝食の安全管理）の認定にも努力した中心人物である。

環境保全運動は自然が少なくなった都市に住む人たちの関心事だと思う人が多いが、自分たちの死活に関係すると自覚した田舎に住む人々の活動は力がある。腕力があった。

地方で隣の人、そのまた隣の人に声をかけて……といった運動を展開する人々をみると、多くはお百姓さん、漁師、杣人《そまびと》である。第一次産業者が本当の意味での自然の管理者であるとしみじみ感ずるのである。

折出君は畜産技術者として勤めていた農業共済組合、農業協同組合を退職し、内水護博士の内水理論の技術者としてある企業に勤めたあと、二〇〇四年、自ら微創水研究舎という名の企業を立ち上げた。今は立派な社長さんである。

私と一緒に福井県今立《いまだて》によく出かけた。有機栽培を志すお百姓さんたちへの応援である。中国の西安にも出かけた。黄土高原の表土の復活作戦の応援だった。

当たり前の話だが、魚もウンチをする。オシッコだってするのである。

さけ・ます増殖事業というのは回帰してきた親ザケから卵を取り出し受精させ、ふ化させ、一定の大きさになるまで飼養、そして放流する。要は餌を与えて大きくするという事業。当然餌が足りないのでは大きくならない。余る程に与えるのである。食べ残しの問題がいつも同居した。

事業協会は、全道で一〇億尾の稚魚を放流するという。

その一〇億尾の稚魚を道内二一ヶ所の事業所とふ化場で管理しているのである。

小さいとはいえこの数の多さである。ウンチの量もばかにならない。そして残餌の量だって考えれば頭の痛い話となる。

それはそのまま川の水質に負荷を与える。

ある時から三浦さんを中心とした事業協会はこの問題と角力《すもう》をとることになるのである。ふ化事業が河川の水質の悪化の元にならないようにするためである。

その時になって折出君のそれまでの研

サケ・マスのふ化の最盛期

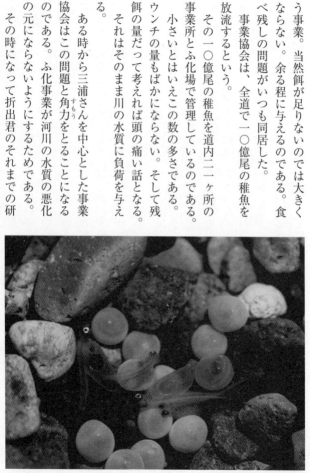

究や工夫が生きてくることになるのだった。

二人三脚プラス、多くの応援団も参加しての作業が始まった。

年次計画の完了で、二一ヶ所全てで育つ小さな生き物が、自分たちが排泄する糞で自分たちを困らせるということが無くなったとは言わないが、少なくともずっと快適な日々を送れるようになったことは間違いなかった。世界の潮流に遅れることなく水産業の一部門にアニマルウェルフェアの精神が登場し定着したといっていい。

三浦さんが提案した「環境に配慮したさけ・ます増殖事業」の起案書のしめくくりに、このシステムで生まれた処理水には土壌菌を主とした有用微生物が多く含まれているために、放流された河川内にある汚濁物の浄化が期待できるし、それを川上の牧草地に還元できたらなおうれしいと記している。仏さまみたいな精神である。環境保護家の思想である。

毎年、暮れになると電話がかかってくる。

折出君からである。

「先生は貝はだめだったですね」と。

私は貝は大好きである……というよりあったと言うべきだろう。

理由は体がみごとな反応を示し、全身、倶利伽羅紋々《くりからもんもん》のいれずみならぬジンマ疹《しん》がふき出るのである。

出発点はどこにでもある酒の上の失敗からだが、とどめとして四国の漁師町に行った時……、これは伊予柑《いよかん》の有機栽培にチャレンジした若者の集団、「無茶々園《むちゃちゃえん》」に内水博士と出かけた時に食べたアコヤ貝の貝柱のステーキがそれであった。以来貝類は全く駄目である。

それを一番知っているのが折出君だった。

電話のあった次の日、玄関に大きな荷物。殻つきのカキである。私がその一〇〇分の一を食べても悶絶《もんぜつ》すること請けあいの量である。

折出君は私を殺そうとしているのではない。私が貝は食べないと言えばカミさんや子どもたち家族が可哀想であると言うのである。

あなたは若い頃の悪食《あくじき》のたたりで食べられないだけであとの人には責任はない、というのが彼の言い分だった。

なぜか彼は私を除く家族の面々には人気がある。

そう言えば私たちは彼ら夫婦の仲人であった。

年中行事化された話である。

エピローグ
やっぱりキツネに明け暮れの人生でした

とうとう最終章になった。

猛吹雪が来ると確実にふき飛ばされるであろう（事実、第二倉庫はそうなった）ような建物から始まった楽しい日々の出来事が、書き始めるとまるで昨日のことのように思い出されるから不思議だ。

そのくせ昨日の昼飯はなんだったろうとぼんやり空をながめている日々である。

窓の外をながめているとキツネが一頭。少し首を傾け雪上で考えごとをしている。

そうだ、やっぱり最終章はキツネにしようと決めた。


猛吹雪で屋根が飛んで無事だったのはサイロだけだった、といった第二倉庫は河口にあった。

プロローグに登場した城殿博さんが三年間使った建物である。

この第二倉庫は特別に良かったわけではなく、事実、その時はすでにれっきとした名のついた倉庫を私は借りていたし、その第一倉庫は小川巌さんが代表格として牢名主《ろうなぬし》みたいな顔でにらみを利かせていた。

唯彼は草原性の鳥の研究をやっていて、建物の玄関を出ればそこはフィールドであり、窓の外をながめコーヒーを飲んでいても必要なデータを手にいれられ便利だったのだろう。第二倉庫は原生花園と呼ばれた海岸線の草原の中に建っていた。ゆえに一キロ程内陸にある第一倉庫よりずっといい所にあるというのがそこに住む主たる理由であった。

ある年、第二倉庫がキツネの調査の前線基地となった。

エキノコックス症という寄生虫病が注目され、マスコミが連日、その危険性を報道した。キツネがその寄生虫の虫卵を人間の体に媒介する厄災の動物として紹介され、ある地方でキツネの寄生率が二%だと発表されると、これが五%になると全

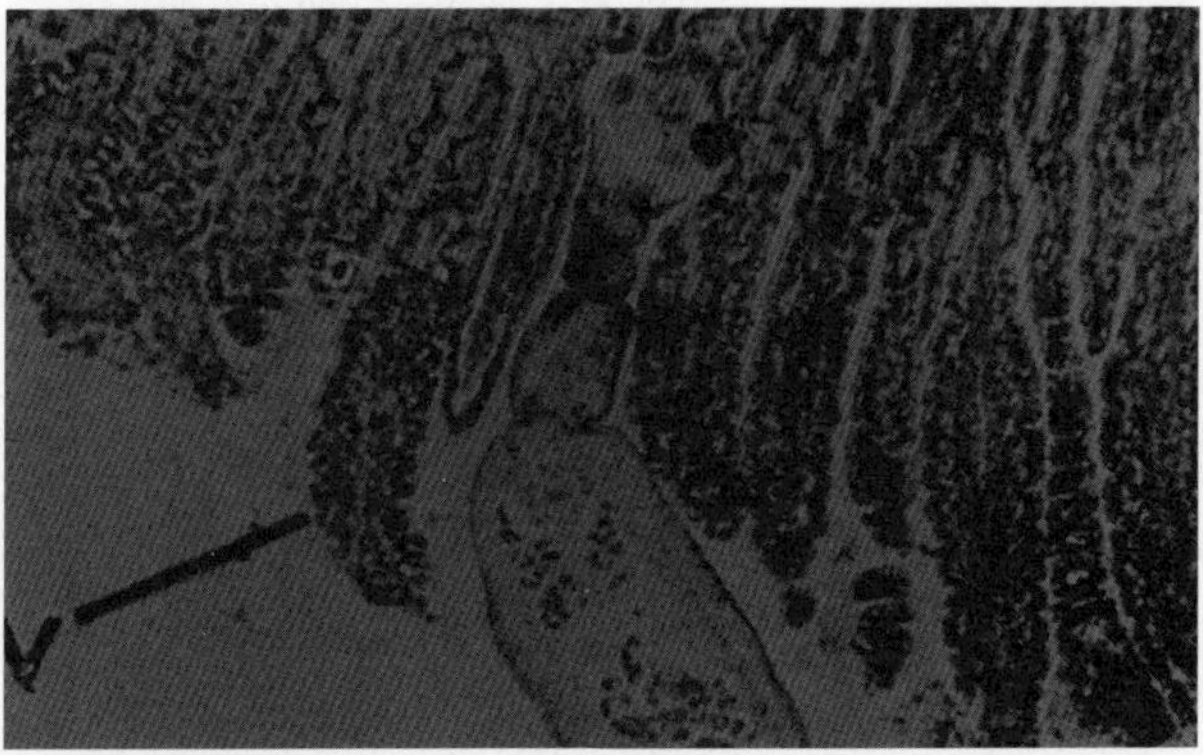

エキノコックスの虫体写真

道で人間の患者数が一〇〇人をゆうに超えると言い出した学者がいて大騒ぎとなった。

そこでと研究費が出た。

当時、動物の行動調査にテレメトリーと呼ばれる手法が取り入れられ、私なんぞのように朝から晩までキツネの尻について回らなくても、ビールを飲みながらその行動の一部始終が見られるという夢のようなシステムだと紹介された。キツネだけではない。アザラシ、ヒグマ、鳥やモグラ、ネズミにも応用できそうだというのだ。

これには皆、乗った。ビールを飲みながら、というのがなんといっても一番の魅力であった。

北大の応用動物学教室、要は小川さん、鉄仮面の米田さん、そして城殿さんたちの所属する研究室が、当の研究費をもらえることになったというのである。

担当は鳥組ではなく獣組である。なのにモズをやる小川さんが主役みたいな顔をしていたのは「クマ研」の代表として参加していたからだと思う。

最新の、という調査システムはいつの時代でもそうであるように工学部の出番が多い。その時も見知らぬ顔が登場し、何者と聞くと電気屋だと答えた。

このシステムは電波発信器をキツネの背中につけて、その電波を追跡することでキツネの行動を知るものなのだそうだ。

ゆえに電気のことを知らない者はこのシステムは使えないという。私は急に、ビールがどこかに泡のように消えていくのを感じた。

私はその手のものは全くだめだった。

ある年、高いカメラを買って一ヶ月もしないのに動かなくなった。そこで「こんな高いカメラなのにすぐに動かなくなるとはなにごと」とメーカーにどなり込んだ。

担当者は半分笑いながら「当社のカメラは電池が切れると動きません」と答えた。

その時も最新の技術の進歩に追いつけない者が意外に多くて、一週間余り、ビールも飲まず、まさに夜を徹して電波を探して苦闘したわりには成果はあったようには見えず「使うのはむずかしい」と結論づけてキツネの前線基地は閉鎖した。

発信器をつけたキツネがこう動きましたとは言えるが、なぜそう動いたのかは何も残らなかった。「この手のものは一緒に歩いた方がいい」というごくごく当たり前の結論を得るために費やした時間となった。


いつの頃からか、我が家は「キツネの事万《よろず》相談所」となっていた。エキノコックス症が自然界の話題の中心となっていた時期と重なる。

夜半、女の人から電話があった。

時計を見ると午前一時をはるかに越えている。雨が降っていた。

か細い声である。泣くように、時にはうたうように、それもあまり抑揚がない。

「キツネが泣いている」と言うのである。場所はと聞くと「ウラの山で」、「ウラのほこらで」と訴える。最後に「助けてあげてネ」をつけ加える。「発情期ですよ」と言おうとして、もう四月であることに気づいて声をのんだ。キツネの発情期は二月で、この時期だと子どもが生まれている。「産んだ子」に何かがあったのだろうかと考えたが、相手のその抑揚のなさに次の言葉が出なかった。

相手が女性ならばカミさんの方がいいだろうと逃げるように受話器を渡した。

電話は三〇分も続いていた。

時々、「ふん、ふん」という声と「そうね」というあいづちのような言葉が続いた。

終わったので話の内容を聞くも、私の知る以上のことはほとんどなかった。

考えられることは、生まれた子どもが巣穴から表に出る時期なので親キツネが神経質になり近くを通る人や、犬などに警戒の声をあげているのかもしれない。そう私たちが言えば、女性は助けに来て欲しいといい出した。

唯、「キツネが悲しそうに泣いている」と彼女もまた悲しそうな声で訴える。私たちは心配する気持ちを聞くという形でしか寄り添うことができなかった

私はキツネにずいぶん借りをつくった

のである。

電話は続いた。

次の夜も、またその次の夜も。

なんとか納得させられるような言葉を探すも、どうにもならなかった。我が家から北、はるかな地からの電話らしかったのである。

らしかったというのも、私たちが話の内容から勝手にある地方ではないかと思っただけだったからだ。

六日目、電話はピタリとやんだ。その夜、外はどしゃぶりの雨だったので妙に電話がないことが気になった。

以来、夜になると電話のベルに耳をそばだてる習慣が残った。特に雨の夜は……。


第一倉庫のすぐそばに番屋があった。

夏から秋の間だけ隣町に住む漁師が定置網を仕掛け、マスやサケを獲るために使う小屋だ。

小屋と言っても網元の建物。立派な家で裏には鳥居を持つ小さな社《やしろ》がある。

ある年、漁区の調整で定置網の場所が変更となって番屋をたたむことになった。

そこで……と友がやってきた。彼は少し右翼的な生き方が好きで、神道についても一家言を持っていた。

社を鳥居と共に倉庫へ移そうというのだ。丁度、第四倉庫の必要がチラホラと出ていたのでぜひにとなった。

Hさんのことを考えていた。

その数年前から私はHさんの来訪にほんの少し困っていた。Hさんはお百姓さんである。私を一度祈禱師に診せるべきだというのだ。キツネにとり憑かれているに違いないという。

夕方になるとキツネの巣の前にやってきて何やら探している。時々火ばしで何かつまみ上げビニールの袋に入れてニヤッと笑っている。どう考えても正常でない、気持ちが悪い、とある人も言ったらしい。

私は研究者の真似事をしているだけで、拾っているのはキツネの糞。あとでアルコールでとかして未消化で残った物からキツネが何を食べたのかを知ろうとしているだけだった。

夕方になるのは勤務が終わってからだから仕方がなかった。ニヤリとしたのは資料が集まったので嬉しかったのだろう。

でも今、考えてみるとHさんの見方は当たり前だと思う。いい年をした大人が夕闇せまる時刻に、林の中にかがみ、何かを拾い、その度にニヤリとするのを見れば私でも逃げ出す。

ある日、玄関に立って、「連れてゆきます……」とカミさんに宣言していた。

そんな話を聞いた右翼的生き方人物は倉庫へ鳥居を持ち込み、赤くすればHさんも「これはもうダメだ！」とあきらめてくれるだろう、今年の誕生日のプレゼントに「日本キツネ教」

「日本キツネ教」というのぼり旗を送ってあげよう、などといって私をからかったのだった。

一時期、倉庫に集まる面々が、立ち上げてもいない「日本キツネ教」の法人格取得について勉強会らしきアルコール消費会をやった。その法人の中に、キツネ研究所なる部門があってもいいと誰かが言ったことに私は妙にこだわっていた。

その話を聞いてHさんが呆《あき》れはてて来なくなり、同時に私たちも情熱を失った。キツネ研究所の私の夢も散った。後年、伊丹十三監督の『マルサの女2』が封切られた。あの頃の情熱が続き実現したら三國連太郎の役を誰がやることになったのだろうかと、これも一時期、貴重な時間を浪費した。

第四倉庫へ続く林の中に赤い鳥居の姿のないことを一番喜んでいるのは我が家の家族であったろうと、今なつかしく思い出している。

それにしても全国に稲荷《いなり》神社は多いのに、付属キツネ研究所なるものがない。なぜか、時々訝っている。

獣医師というのは悲しいくらい現実に対する実務者である。

往診を依頼された。出かける時、診療所の事務方から呼び止められた。○○さん、……往診先の酪農家の名である……は支払いが二年間、実行されていません。気をつけて……。

気をつけてと言われても、そんなことができる世界ではない。気づくとなんだか普通以上に薬を使ったような気がするから困る。

案の定、支払いはなかったし、それでも彼は私の顔を見て「先生、近い内に払うから」といった。それで終《しま》いであった。近い内という言葉が通ずる世界もあった。

獣医師は診療拒否はできない職業である。

今も変わりないはずだと思う。

しかし、貧しそうな……そうなというのは貧しいかどうか定かでない場合もあるといった意味のことで……老人が抱いてきた猫を支払いのことを考えて診なかったという獣医師の話を聞くと腹がたつ……と言ったら時代に後れてますといわれた。これも腹がたった。

野生動物の診療なんぞという分野は後れているからできる分野なのかもしれない。

そこで、とある時考えた。

エキノコックス症というのは寄生虫病である。

ならば虫下しをかければいいと。これが現実的な実務者の発想である。

調べるとアメリカでもある島で実験し、いい結果を出しているし、ヨーロッパでもヘリコプターで駆虫薬を散布しているという。

キツネを殺すことに莫大《ばくだい》な金をかけ、熱中するより健全に思えた。同じようなことを考えた人たちがやはりいた。

北海道大学獣医学部寄生虫学教室の研究者たちだった。代表は神谷正男《かみやまさお》教授。基礎調査をしたいという申し入れがあり、私たちの町に白羽の矢が……。一九九八年のことだった。

基本は糞探しから。若い女性の院生がそれをやるのだから、Hさんたちお百姓さんに、

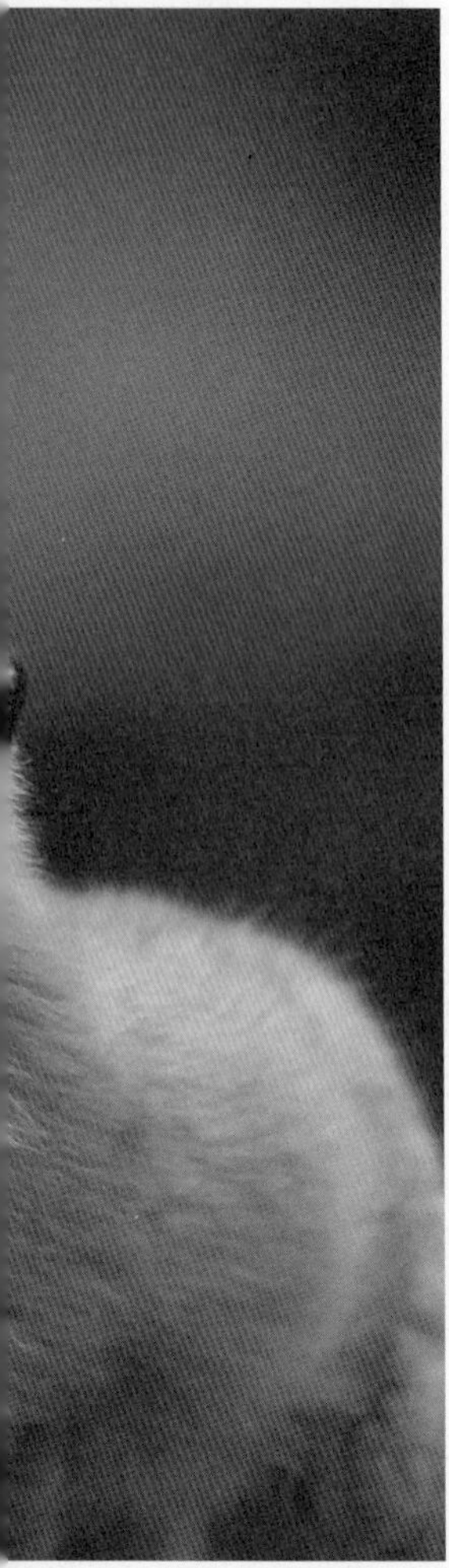

最終章はキツネにしようと決めた

キツネ憑きでなくても糞集めが研究者の第一歩であることがやっと理解された年となった。

だが我が町の獣医先生が研究者らしいという噂は一度も流れなかったことも事実である。

当時すでに道内のこの虫体のキツネへの感染率は四〇%を超えていた。だが、患者数は学者の予測よりはるかに少なかった。

だがキツネ好きの私でもその高率に少し青くなっていた。

私なんぞの好きものにできることと言えば、せいぜい自分のキツネのフィールドを公開し情報をせっせと提供することと、疲れたら倉庫で一杯どうですか、くらいのことしかなかった。

モンゴルの研究者が来たこともあり、楽しい時間だった。

気づくとあっという間に一〇年が経っていた。

虫下しをかけるというまことに獣医的作業が功をそうしてか、寄生率はどんどん下がっていった。

国の研究費補助が打ち切られたあとはベイトと呼ばれる駆虫薬の入った餌の代金と効果判定に必要な作業代は町が、散布は財団(小清水自然と語る会)が担当して続けられている。ちなみに現財団の理事長宮原俊之《みやはらとしゆき》さんは獣医師である。

このエキノコックス感染源対策は後にKoshimizu systemと呼ばれ、世界から認められるものとなった。それはその効果がみごとな成績として数字にあらわれたことが評価されたのだった。私は誰でも参加できるシステムの確立が一番大きなものであったと思っている。

散布が始まって五年後、キツネの感染率は科学的に言えばかぎりなくゼロに近いと発表された。私なんぞの現場の関係者はゼロであると胸を張った。

以来、ベイト代などは変わらず町が、散布は財団に町職員やいろんな人々の応援団が加わって年四回の散布が続いている。

数年前、手伝いに行くと、財団の事業体である「オホーツク村」の村役場に人々が集まり、その中に数人のお百姓さんもいる。ベイトを取りに来たのだと話をする。自分で自分の住む家や畑に散布するのだといった。自分のことは自分でやりたいと言うのだった。

本当の意味での自治の姿を私は見たと思った。

「共生」という言葉がある。

あるというより氾濫している。口にするだけで、スローガンとして板に書きつけるだけでやったような気分になるらしくずいぶん手垢《てあか》にまみれたが、それでも人々の夢であり希望のシンボルとして漂っている。でも道東の小さな町、小清水町ではお金と汗でそれを実現している。エキノコックス症に関しては北海道で一番きれいな町であり安全な町である。

胸を張っていいと私はいつも友に言っている。

もう一度永六輔さんの言葉に登場してもらおう。

生きているということは
誰かに借りをつくること
生きてゆくということは
その借りを返してゆくこと

私はキツネにずいぶん借りをつくった。友々にもいっぱいいっぱい。お百姓さんたちにも。

ささやかに始めた倉庫の運営がその借りを少しずつ返すことを手伝ってくれたのかなあ、そうだと嬉しいなあ……と思っている。

これも勝手に思うことである。

あとがき

朝起きると決まって裏山に出かける。散歩と称しているがそんなもんではない。気分がいいと倒木の上に腰かけ一時間でもぼんやりしている。

五、六年前から山の中に椅子を持ち込んで気に入った所に置く。コーヒーを持っていくこともあり、テーブルも持ち込む。三ヶ所。その他に倒木、切り株、なんでも休み場所に利用する。いたる処にあると言っていい。

何もしない。唯ぼんやりする処。

四〇年余り住んでいた道東の地を離れてもう一三年となる。以来野生の生き物をあずからない、と宣言したのに、ある人から自由に使ってほしいというお金をいただくはめになって（女性ですゾー）またまた小さな小屋をこっそり建てた。こっそり、ひっそりだったのだが野生は勝手に顔を出す。

寄生虫病でヨレヨレの姿でベランダのガラス戸から部屋の中をのぞく個体と目が合うともういけない。ついつい駆虫薬をとり出してしまう。

何日か通ってもらわなくてはならないのでお上の目を盗むようにして、給餌台の消毒をし駆虫薬をしのび込ませる好物をあれこれ考える。

さて投薬が終わったといっても気になる。

足跡をたどって雪の裏山に通うことになる。患者？　がエゾタヌキのこともあり、キツネの時だってある。ノネズミのことだって。

ある時、キタリスの子が落ちていたと言って運んできた人がいた。

そんなはずはないのに、人の社会でも時々幼い子が道端に捨てられることもある……と言って、キタリスの世界にもそんな親がいるのかもしれないなどと過剰に理解したふりをしてあずかる。もう犯罪に近い。

そして裏山へ追いたてるように退院させる。

早く返さないと本当の犯罪者になる。

とはいっても少し心配する。獣医心というより親心に近い。

これも勝手に正当化して、裏山通いが始まったような気がする。

技術者としての診るが、看るに変化し、そんなことはすぐに忘れて観ることを楽しむようになっている。

上：私の部屋をのぞきにくるエゾタヌキ　下：毎夜皮膚病で通院するエゾタヌキ

そうなると時間は関係なくなる。

いつまでも帰らない老人を心配して時々カミさんが小言を言う位であとは全くの自由な時の中に体を沈めている。

風もなく天気のいい日だと、ついついウトウトし、誰かから起こされない限り、一時間くらいボンヤリしていたこともある。

でも決まって起こす者がいる。

多くはキタリスであり、エゾタヌキであることもある。

元患者かその患者の行動を見て、老人は何もしない。しないのではなく出来ないと判断する族《やから》が登場しても不思議ではない。そう思わないと彼らの行動がおかしくなる。

私が一度も診たこともない個体が平気で私

の顔をのぞき込んだり、倒木のかげからそっと見つめていたりする。

きっとあの老人は何も出来ない。安心であるといったいいかげんな情報が流れているらしい。よくよく考えると犯人は比較的弱虫と言われる生き物、例えばキタリス、ノネズミなどと思われる。

彼らの足音を聞くと、森全体が今日は安心日ですと思うらしい。いろんな個体が顔を出す。鳥たちもである。

森の中に持ち込んだ私の別荘、今日はキタリスと

自然の中では一番弱い者の立ち振る舞いや足音が安全信号のひとつになっているのかもしれない。時々私の飲むコーヒーの入ったカップをのぞき込む強者《つわもの》もいる。

私は、オイオイと声をかけ、ここにもうひとつの生き物がいることを知らせていた。

それにしても近頃少しおかしい。

老人になって人間の気配がうすくなっているのかもしれないと思うようになった。行動がどんどん人間的でなくなり、どこにでもいる野生の生き物の気配を出しているのかもしれない。では何になりつつあるのかなあ……と。

そんなことを林の中の椅子にかけて考える。

こりゃあ、あぶない、あぶない。

そんな時、急に思い出したのが、五〇年も昔、北の梁山泊と呼んだ男たちがたむろした倉庫の日々のことである。

思い出は時として夢が参加し、妄想し、幻想する。あれこれ考え始めると終点がなくなり、思い出の中に、どうやら本当のことでないものも参加するような気がするようになった。これもあぶない、あぶない、……である。

幻にならない内にと書きとめようとした作業が連載となったような気がする。

カバーの写真は、その頃治療中に脱走したユキウサギを追う看護婦長……カミサンを撮ったものにした。

当時若者であった人たちが今は毎日が日曜日を強制されるような年齢となっている。きっとその内、「そんなことはありませんでした」などと言われそうなので多少事実らしいものが残っている今が最後と続けてしまった。

私の体から人の気配が消えて、仙人にでもなってしまうと誰もそんな時代はありませんでした等と言われる時代が来るかと思う。

そんな時になっても皆んな全てが定かでなくなりゆらゆらした気分でいるだろうから、私は全く心配していないのである。

書いておくが勝ちだと思うことにしている。

はたして本当に勝ちなのかとこれもまたはなはだ心もとない。


最後に。これはまだヒトのなごりの残っている内にチャンと残したい。

安野光雅先生へのお礼である。ありがとうございました。読む程のものでない雑文の集合体に解説をお願いするという無礼への反応を少しも表に出すことなく「いいですよ」と電話の向こうで笑っていただき、これで本が完成したと思いました。うれしいです。本当にありがとうございました。

今日はまだですかと出かけるのを待つキタリス

解説──酒飲みと野良猫のはなし

安野光雅

この本に出てくるところの、沢近十九一に初めて会ったのは、日高敏隆先生の家だった。彼は私がすわっている椅子の前にきて、それは謹厳な顔つきをして、「先生（わたしのこと）にお目にかかれて、とても光栄です」と、いった。彼がわたしに敬意をあらわすのはいかがなものか、とおもいはしたが、ほめる態度でいるため、わるい気はしなかった。

ところで、竹田津さんが小清水で、海までつながる緑地を残そうという運動をしていたところ（その長く続く森のために、動物たちは生命線をもちつづけた）これに感じた、沢近が、「記念講演会をやってもらえないか」といってきた。

とんでもない、講演会はしないと決めている。そういうことなら小清水にもいかない。と、わたしは即座に断わった。

かれらは、困ったが、しばらくして一計を案じたらしく、「講演の代役をみつけた、それは犬養智子でちょうど日も空いていたので頼んだから安心して、小清水に来てください」といった（犬養智子こそいいめいわくであったとおもう、彼女は何も知らない）。

わたしは会場にいってみたが、おどろいたことに、「安野光雅大講演会」という看板が立っているではないか。どうしたのかときいてみると、「かくかくしかじかである」という。今日は講演会はやらないという約束でやってきたのだ、が、いまわたしはここに立っている。

よろしい、そういう気ならこちらにもかんがえがある。

以下しかたなく、演壇にたったわたしの、講演の要約。

小清水の竹田津さんたちは平凡社の百科事典を売って、資金稼ぎをしようとおもったらしい。「ごめんください、定評のある平凡社の百科事典を買ってくれませんか」「いいや置き場所がないものですから」「じゃあ、小清水のジャガイモはどうでしょう」「ジャガイモで済むことなら」と、いうようなわけで、殆《ほとん》どゆすりのようにして小清水の人たちはジャガイモを売りさばき、相応の利益を得た。

出所は不明だが、白神山地の樹林は平地から見たところはきれいに密になっているが、空中からみると、無残な状況になっているという。これはけしからんことではあるまいか、あそこは記念的樹林である。

（この本に出てくる某氏の頭は、――はっきり言うと沢近氏は――正面から見た場合は密になっているが、空中からみると、あちこちが薄くなっていて、例えばエスカレーターに乗るときなど、登りの時は自分が先に乗り、下りはあとから乗るようにして気を遣うらしい。他の方にさしさわりがあったらお許し願いたい）

わたしは、このほか言いたいことを言ってお茶を濁した。「安野さんは思いのほかひとがわるいのですね（と冗談まじりに言ったのは、竹田津さんのおくさまで）、あの講演はCDにとってありますから、持参することもできます」ということだったが、わたしは聞いたことがない。

司馬遼太郎さんが、治療をしたキツネやタヌキと一緒にくらしている竹田津さんと話したいと言うので案内したことがある。司馬さんはバカに満足した。竹田津さんは最近、脚を亡くした仔狐の映画を作って見せてくれたが、こんなに痛々しい映画もなかった。彼は今獣医をやめて写真家になっている。

わたしが司馬さんを案内したのには別の意味があった。

わたしは野良猫がきらいで、とくに我が家を窺う野良猫は石を投げつけたくらいではすまされないほどの憎しみをいだいている。

その野良猫が我が家にこないようにする手立てはないものか、という切なる問題がききたかった。竹田津さんはおおいに喜んで、そんな自分勝手な方法はない、といって教えてくれない。そして「それは、野良猫があんのさんを愛しているからなのだ」と、言い始めた。

冗談じゃアない、野良猫に愛されてたまるか。

やつあたりするようで悪いが、そのころ「週刊朝日」に池辺史生という人物がいた。彼もまた司馬さんの後をついてまわり、わたしが描く絵の監督を務めていた。わたしは彼と、心情が一致した。そうだ、猫くらい嫌なものはない、「わたしもあなたと同じくらいか、いや、それ以上に野良猫をにくむ」（池辺）というので、おおいに盛りあがったことがある。

竹田津さんを訪問したおり、わたしはしきりに野良猫の憎たらしさをいいつのるのに、池辺さんは野良猫のことについては、わたしと話したこともないような態度に変わった。「手のひらをかえしたような」とはこのような場合を言う。

わたしは、泣いた。とくに酒飲みには、野良猫のことなど、問題ではないらしい。わたしは、どんなにいい仕事をしていても酒飲みの真価を問題にしなくなった。わたしはその他一〇〇万人の酒飲みと別れるほかなかった。わたしは酒を飲んでみたいが体がうけつけない。世に竹田津さんや、池辺さんほどの酒飲みは珍しいのだ。彼らは、卑怯にも酒のせいにする。

申しわけない。この本の推薦文になっていないがおゆるしねがいたい。

（あんの・みつまさ　画家）

本書は、「青春と読書」二〇一六年一〇月号〜一八年五月号
に連載されたものを加筆・修正したオリジナル文庫です。

本文デザイン・三村淳
本文写真8p、29p、239p・行田哲夫
右記以外の本文写真・著者

JASRAC 出 1811659-801

集英社文庫

獣医師《じゅういし》の森《もり》への訪問者《ほうもんしゃ》たち

2018年11月25日　第1刷　　定価はカバーに表示してあります。

著　者　竹田津《たけたづ》　実《みのる》
発行者　徳永　真
発行所　株式会社　集英社
東京都千代田区一ツ橋2-5-10　〒101-8050
電話　【編集部】03-3230-6095
【読者係】03-3230-6080
【販売部】03-3230-6393（書店専用）
印　刷　大日本印刷株式会社
製　本　大日本印刷株式会社

フォーマットデザイン　アリヤマデザインストア　　マークデザイン　居山浩二

ISBN978-4-08-745816-9 C0195